KB119649

100권을 이기는
초등 1문장
입체 독서법

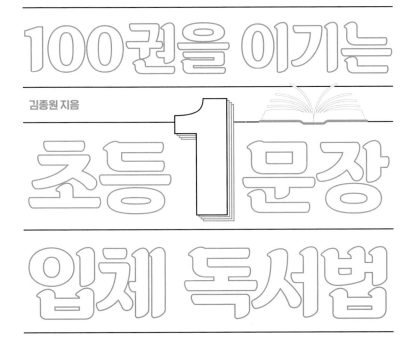

100권을 이기는

김종원 지음

초등 1문장 입체 독서법

위즈덤하우스

우리 집 독서 수준 테스트

'1문장 입체 독서법' 프로그램을 실천하기 전에, 먼저 아이와 함께
독서 수준 테스트를 통해서 우리 집 읽기 환경을 점검해봅시다.
최대한 솔직한 마음으로 응답해주세요.

번호	문항	체크
1	최근 일주일 안에 자연 속 어떤 풍경을 움직이지 않고 5분 이상 관찰한 적이 있다.	
2	하루에 3회 이상은 호기심이 생긴다.	
3	무언가 궁금한 것이 생기면 이해할 때까지 자리를 떠나지 않는다.	
4	새로운 지식을 배우게 되면 두 개 이상의 질문이 새롭게 태어난다.	
5	독서할 때 모르는 단어가 나오면 사전을 찾기보다는, 오랫동안 생각하고 스스로 짐작해서 찾아낸다.	
6	무언가 하나를 배우면 전혀 다른 분야와 접목하는 것에 능하다.	
7	책을 차례대로 읽지 않고 아무 페이지나 펼쳐 읽는 스타일이다.	
8	어디에 가든 반드시 메모할 도구를 준비해서 다닌다.	
9	상대를 설득하기보다는 자신이 본 사실을 설명하는 것을 좋아한다.	
10	1년에 한 권의 책만 읽어야 한다면, 바로 떠오르는 책이 있다. 이때, 적게 읽는다는 불안보다는 오히려 기쁨이 앞선다.	
11	언제든 전혀 해본 적 없는 분야를 직업으로 삼아도, 누구보다 잘해낼 수 있다는 자신감을 갖고 있다.	

12	모르는 사람일지라도 1분만 대화를 나누면 그 사람이 어떤 생각을 하는지 예측할 수 있다.	
13	새로운 지식을 배우는 것보다 이미 알고 있는 지식을 실천하는 데 더 많은 시간을 투자한다.	
14	하나의 책을 다 읽으면, 언제나 더 근사한 책이 나를 기다리고 있다.	
15	일상에서 언제나 사람들이 기대하는 그 이상의 성과를 낸다.	
16	어떤 새로운 사실(지식)을 알게 되면, 그 사실(지식)이 필요한 누군가를 동시에 떠올린다.	
17	하고 싶다고 생각했던 것이 시간이 지나면 늘 이루어져 있다.	
18	세상이 빠르게 변화하는 모습을 보면 두렵기보다는 즐겁고 기대된다.	
19	한 권의 책을 한 달 이상 기쁜 마음으로 읽어본 적이 있다.	
20	지금 당장 10분 동안 책을 읽어야 한다면, 바로 떠오르는 책이 있다.	

체크리스트 결과

체크		독서 수준
0~4개	평균 이하	앞으로는 한 권의 책을 아주 섬세하게 읽으며 일상의 습관도 하나하나 바꾸겠다는 생각을 갖길 바란다. 가장 낮은 단계라고 실망하진 말자. 시작하는 자에게 가능성이 존재하는 거니까.
5~9개	평균	독서의 가치가 무엇인지 정도는 알고 있는 상태이지만 실천력이 부족하다. 앞으로 길러야 하는 태도는 독서에서 얻은 깨달음을 일상에서 실천하는 것이다.
10~14개	상위 20%	꽤 높은 지성과 문해력의 소유자라고 볼 수 있다. 책을 통해 다양한 질문을 만나게 되면 그 능력이 더욱 다양한 분야로 확장할 것이다.
15개 이상	훌륭한 독서가	이 수준에 도달한 사람에게 필요한 것은 꾸준히 정진하는 삶의 태도다. 1년에 한 권 읽기도 추천한다. 새로운 세상을 만나게 될 것이다.

100권을 이기는
초등 1문장 입체 독서법

"여러분은 지금까지 어떤 책을 어떻게 읽었나요?"

　정말 간단한 질문이다. 그러나 누구라도 이런 질문에 대한 답은 생각만큼 쉽지 않다. 너무 많은 책을 읽어서 하나하나 기억하기 어렵기 때문이다. 아이도 마찬가지다. 태어나서 자신이 지금까지 어떤 책을 읽었는지 하나하나 모두 기억할 수는 없다. 다만 분명한 사실은 그 책은 아이를 생생하게 기억하고 있다는 것, 그리고 지금 아이의 모든 것은 아이의 눈과 마음에 담은 언어로 만들어졌다는 것이다.

　'인간은 언어를 담고, 언어는 인간을 키운다.'

　책을 아무리 읽어도 변화가 없는 것처럼 생각할 수도 있지만, 당신과 아이는 지금 이 순간에도 조금씩 변하고 있다. 그것이 바로 '읽기의 힘'이다. 당신이 읽고 있는 그 책이 지금도 당신을 키우고 있다. 그래서 더욱 독서는 다른 지적 활동보다 소중하게 여겨야 하고, 또 섬세하게 다가가야 한다. 그렇게 하지 않으면 문제는 다양한 곳에서 신호도 없이 발생한다. 아이들이 결코 부모가 원하는 대로 고분고분 책을 읽는 것은 아니기 때문이다.

부모라면 독서 교육에 대해 한 번쯤은 이런 고민을 해봤을 것이다.

'아이들은 왜 자꾸 읽은 횟수를 속일까?'

'왜 끝까지 다 읽었다고 거짓말을 할까?'

'굳이 빠르게, 많이 읽으려는 이유는 뭘까?'

'책을 다 읽었지만 아무것도 기억하지 못하는 이유는 뭐지?'

부모들이 가장 고민하는 독서 교육의 모든 문제에 대한 이유와 해답은 바로 이 질문 하나에 집중되어 있다.

"이 책을 읽을 때 어느 문장에서 멈췄니?"

이게 대체 무슨 말일까? 독서에서 아름다운 것을 많이 얻고 싶다면, 독서의 정의부터 바꾸고 시작해야 한다.

독서는 마지막 페이지를 만나기 위해 읽는 것이 아니라,
중간에 멈출 곳을 찾기 위해 읽는 것이다.
멈춘다는 것은 '경탄했다'는 사실을 증명한다.

다시 말해서 그 문장을 나만의 것으로 만들 준비를 마쳤다는 말

이다. 이 부분이 매우 중요하다. 만족스럽지 않았던 지금까지의 아이의 독서를 완전히 바꿀 하나의 포인트가 될 수 있기 때문이다.

잘 생각해보라. 끝까지만 읽으면 모든 게 끝난다는 생각이 아이에게 거짓을 말하게 만들고, 그저 빠르게만 읽게 만든다. 대부분의 이유가 결국 부모의 생각과 말에서 시작한 것이다. "다 읽었니?"라는 질문을 "어디에서 멈췄니?"라는 질문으로만 바꿔도 독서에 대한 고민은 저절로 사라지고, 그 빈자리는 아이만의 지성으로 차곡차곡 채워질 것이다. 부모의 4단계 질문을 통해 본격적으로 진짜 독서를 할 수 있게 된다.

1. "어느 문장에서 멈췄니?"
2. "이 문장의 어떤 점이 너를 멈추게 했니?"
3. "그 문장을 읽고 어떤 생각을 했어?"
4. "그 생각을 일상에서 어떻게 실천할 수 있을까?"

부모의 4단계 질문법을 통해 아이는 비로소 '읽는 생활'의 가치를 느끼며 자신이 흥미를 갖지 못하는 분야에 대한 독서도 시작하게 된다. 자기 주도력과 창의성, 분야를 허물어 생각하는 통섭력과 언어 활용 능력에서 모두 극적인 효과를 거둘 수 있게 되는 것이다.

나는 우리 아이들의 문해력을 가장 완벽에 가깝게 완성하기 위해, 지난 20년 동안 '5단계 입체 독서 교육 프로그램'을 연구해왔다. 이 프로그램은 그저 '읽기'에 그치는 것이 아니라 단어 하나, 문장 한 줄만으로 '말하기, 듣기, 쓰기, 읽기' 활동을 끌어내는 입체적 독서 활동이다.

입체적 독서 활동 중 내가 강조하고 싶은 것은 각 단계마다 '아이와 부모가 함께 하는 낭독 독서 기법'이다. 먼저 묻고 싶다. 낭독의 가치가 무엇이라고 생각하는가? 낭독은 아이들의 생각과 시선을 잠시 멈추게 하고, 멈춘 부분을 섬세하게 관찰하게 한다. 쉽게 말해서 독서의 귀한 효과를 기하급수적으로 확장하는 것이다. 실제로 낭독의 힘을 믿고 평생 실천했던 다산과 퇴계, 연암과 공자 등 동양을 대표하는 지성과 괴테와 니체, 소크라테스와 칸트 등 서양을 대표하는 지성들은 모두 입을 모아 '독서는 이렇게 해야 한다'고 외친다. 시를 쓰듯 내뱉는 그들의 말을 모아 적었으니 당신도 시를 읽듯 조금씩 음미하며 낭독과 독서의 관계에 대해서 생각해보기를 바란다.

책은 문장이 익숙해질 때까지 읽어야 한다.
읽고 잊는 이유는 익숙하지 않기 때문이다.
문장을 이해하는 수준을 넘어서
마음속에 간직하는 단계에 도착해야
그 문장을 저절로 기억할 수 있게 된다.

서둘러 도착하려고 하지 마라.
문장에 흠뻑 빠져서 젖어드는 즐거움을
자신에게 선물하는 과정이 바로 독서다.

지혜로운 시선과 올바른 심성이 자라려면
문장을 마음속 깊이 새겨 반복해서 음미해야 한다.

당신의 독서가 그런 과정에 도달하지 않는다면
그저 결과만을 생각하며 대충 읽고
대강 마무리를 한 것에 불과하다.
누군가의 생각을 귀로만 듣고
기계처럼 입으로 말하기 위해 산다면
그 인생에는 어떤 이로움도 없을 것이다.

이제 나는 여러분을 가장 소중한 가치로 가득한 독서의 세계로
안내할 것이다. 이번 책을 통해 제안하는 '초등 1문장 입체 독서법'은
이런 가치를 여러분에게 전할 것이다. 아이의 사랑스러운 모습을 떠올
리며 읽어보라.

1. 잘하는 아이와 못하는 아이를 구분하지 않는다.

2. 차별하지 않고 똑같이 투자하며 똑같은 지식을 전한다.

3. 배움의 의지가 있는 아이들 모두에게 기회를 균등하게 제공한다.

4. 자신의 소질을 스스로 찾아내게 도와준다.

5. 아이의 배경이나 출신이 교육에 영향을 미치지 않는다.

6. 교육의 질이 떨어지거나 쉽게 포기하지 않는다.

생각만으로도 마음이 행복해지는, 이런 교육이 이루어지는 곳이 있다면 어떨까? 거기가 어떤 지역에 있는 학교든 아니면 학원이든 바로 자기 아이를 보내기 위해 그 자리에서 일어서게 될 것이다. 그러나 잠깐, 나는 굳이 일어설 필요는 없다고 말하고 싶다. 이런 환상적인 교육이 존재하는 공간이 주는 장점을 바로 우리가 읽는 이 책을 통해 모두 얻을 수 있기 때문이다.

'초등 1문장 입체 독서법'은 '문제 진단–책과 친해지기–질문하며 읽기–입체적 읽기–독서 마무리 활동' 단계로 이루어져 있다. 그리고 각 과정마다 '아이와 함께 낭독하는 시간'을 보내며 아이의 독서를 이전보다 더 아름답게 가꾸어준다. 일상을 보내는 태도를 바꾸면 자기만의 질문을 갖게 되고, 그 질문의 시선으로 책을 읽으면 중간중간 멈추며 생각이 깊어지면서 저절로 수준 높은 문해력을 갖게 된다. 그리고 결국 아이는 세상에 존재하는 수많은 것들을 읽어내는 삶을 살게 된다. 위에 나열한 여섯 가지 사항 역시 우리가 독서를 통해 얻을 수 있는 기적과도 같은 효과다. 다만 우리는 그 방법을 제대로 몰랐을 뿐이다. 이제, 그 놀라운 이야기를 시작한다.

가장 지혜로운 부모는
아이가 자신의 언어를 스스로 다스릴 수 있도록
일상에서 도와주는 사람이다.

왜 읽어도
이해하지 못하는가

STEP 2
책과 친해지기

문해력이 극대화되는
읽기 환경 만들기

STEP 3
질문하며 읽기

읽은 것이 전부 뇌에 새겨지는
말하기 독서법

STEP 4
입체적 읽기

모르는 것을 스스로 알게 하는 힘, 1문장 입체 독서법

STEP 5
독후 활동

공부 잘하는 아이들의
독후 습관

STEP 1
문제 진단

왜 읽어도
이해하지 못하는가

책을 싫어하는 아이,
어떻게 해야 할까?

주변을 둘러보면 책을 읽기 싫어하는 아이가 참 많다. 결국 그런 현실은 부모의 절실한 질문으로 이어진다.

"우리 아이가 책을 너무 읽지 않아요. 읽어도 만화책이나 학습 만화만 읽고, 글자가 많은 책은 전혀 손을 대지 않아서 걱정입니다."

"너무 책을 읽지 않아서 걱정인데, 시간이 지나면 자연스럽게 나아지겠죠?"

"말은 정말 잘해서 쉬지 않고 떠드는데, 책만 잡으면 지루해서 견디질 못하네요."

대부분의 부모가 같은 걱정을 하고 있다. 사실 독서란 매우 하기 힘든 고난이도의 지적 행위다. 그 가치는 모두 알고 있지만, 실제로 해내기는 매우 힘들다. 무엇보다 독서에 전혀 의욕이 없는 아이들을 독서의 세계로 끌어들이기 위해서는 '독서의 범위'를 넓혀야 한다는 사실에 주목할 필요가 있다. 책상에 앉아서 두 손으로 책을 잡고 몰입해서 읽어야만 독서는 아니다.

> 책과 관련된 모든 생각과 행위를
> 독서라고 생각하며 시작해야,
> 아이들을 책의 세계로 초대할 수 있다.

보통 책을 읽지 않는 아이를 독서의 세계로 끌어들이기 위해 가장 먼저 선택하는 방법은 "우리 매일 30분씩 책을 읽기로 하자"와 같은 접근 방식이다. 부모 입장에서는 아이만 시킨 게 아니라 자신도 함께 참여하는 것이니 '이 정도면 꽤 괜찮은 방식이지'라고 생각하게 된다. 맞다. 참 좋은 방식이다. 그러나 문제는 지속성을 담보할 수 없다는 것이다. 처음에는 "우리 내일도 계속 함께 책 읽자!"라는 외침으로 그 약속을 지킬 수도 있지만, 시간이 지나면 풍선 바람이 빠지듯 의지도 점점 약해진다. 결국 아이는 꾀를 내어 부모와 함께 책을 읽는 시간을 회피하려고 할 것이다. 핑계는 주로 이런 것들이다.

"하루에 30분은 너무 길어요."

"다른 것도 하고 싶어요."

"20분만 읽고 10분은 그림 그리면 안 되나요?"

그럼 또 부모는 이렇게 단칼에 거절한다.

"책을 읽을 땐 집중해서 책만 읽어야지!"

"다른 건 절대 안 된다! 읽기로 약속했으니 지켜야지."

원칙을 지켰으니 나름 괜찮게 대처한 거라고 생각하기 쉽다. 그러나 현실과 상상은 늘 너무나 다르다. 그런 선택으로 아이는 이제 완전히 독서와 멀어지게 되기 때문이다. 독서의 세계로 아이의 영혼을 인도하고 싶다면, 중간에 영혼이 다른 곳으로 도망가지 않게 아래의 사실을 기억할 필요가 있다.

책을 읽는 시간도 독서다.

읽고 생각하는 시간도 독서다.

그 시간의 풍경을 그리는 것도 독서다.

반드시 자기 속도대로 읽는다.

그 시간에 시를 써도 그것도 독서다.

독서가 싫다는 생각을 글로 써도 그것도 독서다.

책을 다 읽고 놀아도, 그것 역시 독서다.

처음에는 이렇게 독서의 범위를 확장하는 것이 서로에게 좋다. 불필요한 다툼의 시간도 보낼 필요가 없으며, 아이 입장에서는 뭐든 독서의 일부이기 때문에 자신이 보내는 일상에 자신감을 갖게 되고, 독서를 예전보다는 편안한 시각으로 바라보게 된다. 독서는 하나의 과목이자 공부의 일환이라는 고정관념에서 벗어나는 것이다. 인식이 바뀌는 것이 중요한 이유는 한 사람의 인식은 곧 그가 '상황을 결정하는 방식'을 의미하기 때문이다. 우리는 뭐든 할 수 있고 반대로 하지 않을 수도 있지만, 독서를 '불가능'이라고 인식한 아이는 무조건 '나는 독서를 할 수 없어'라고 생각하게 된다. 할 수 있지만 할 수 없다는 인식 때문에 결국 하지 않게 된다. 그런 인식은 아이의 지능에도 영향을 미치기 때문에 빠르게 고쳐주는 게 좋다. 뇌에 인식된 그릇된 정보를 지워야 그 안에 긍정적인 영향을 주는 인식을 새길 수 있다. 이때 '독서의 범위를 확장하는 방식'은 매우 효과적으로 아이에게 독서의 재미를 심어줄 수 있으니, 꼭 아이와 실천하며 본격적으로 '읽는 삶'을 시작할 수 있기를 바란다.

지식 중심의 독서인가, 사색 중심의 독서인가

책을 읽고 이해하는 능력이 평균 이하인 아이들은 자신의 의견을 정립하여 논리적으로 설득력 있게 표현하는 데 매우 약하다. 읽는 것만 못하는 것이 아니라 지성을 구성하는 창조력과 구상력, 그리고 그것을 엮어내는 논리력과 연결력에서도 최악의 결과를 내게 되는 것이다. 문제는 바로 거기에 있다. 결국 책을 읽고 이해하는 능력은 '자신의 의견을 정립'하고, '논리적으로 분석'해서, 최종적으로 나온 결과를 '설득력 있게 표현'하는 것으로 이어진다고 말할 수 있다. 아이가 그런 수준의 역량을 갖추게 하려면, 다음 네 가지 가치를 아이의 삶에 녹여내야 한다.

1. 필요한 정보를 수집하는 '안목'
2. 자신의 생각과 다른 것도 품는 '다양성'

3. 지식을 정리하고 판단하는 '성찰'
4. 이렇게 나온 것을 전달하는 '표현력'

모든 과정이 다 중요하지만 마지막 과정인 표현력이 가장 중요하다. 표현력이 부족한 아이는 1~3단계를 통해 어렵게 만든 자신의 생각과 논리를 주변에 전파하고 표현하는 것 자체를 할 수 없기 때문이다. 표현할 수 없는 지식과 의견은 존재하지 않는 정보와 같다. 타인에게 언어로 전파할 수 없다면, 아무리 위대한 지성과 발견이라도 그걸 증명할 길은 없다. 공부를 통해 얼마나 많은 지식을 얻었는지를 단순히 평가하는 것이 과거의 방법이었다면, 지금은 하나의 지식이라도 그걸 어떻게 얻었으며 앞으로 어떻게 변주하고 활용할 것인지 그 능력을 평가하는 것이 중요한 시대이다. 단순히 아는 것은 이제 별로 중요하지 않다. 그건 이미 기계가 매우 잘하고 있는 일이기 때문이다. '사색 기반 사회'를 제대로 살아내기 위해서 우리는 이런 방식으로 지식에 접근할 필요가 있다.

그것을 왜 알게 되었으며,
어떤 방법으로 깨닫게 되었고,
어떻게 활용할 것인지 길을 제시해야 한다.

누구도 반박할 수 없을 정도로, 이제는 지식 기반 사회가 아닌 사색 기반 사회로 세상이 바뀌고 있다. 여전히 새로운 지식을 암기하는 것만으로 더 나은 미래를 살 수 있다고 믿고 있다면, 매우 커다란 착각이라고 말하고 싶다. 새로운 지식은 새로운 경쟁을, 더 많은 지식은 더 치열한 경쟁을 만들 뿐이다. 냉정하지만 피할 수 없는 현실이다. 사색하는 독서를 통한 지성인으로의 성장은 그래서 더욱 중요하다. 사색이라는 강을 건너야 지성이라는 대지에 도달할 수 있기 때문이다.

독서를 통해 아이의 사고력을 기르기 위해서는 지금까지 정답이라고 여겼던 다음의 두 가지를 버려야 한다.

'지식에 집착하는 폐쇄성'과
'정답을 찾으려는 지적 콤플렉스'를 버려라

책을 통해 무엇이든 다 받아들인다는 것은 빛나는 하나를 아직 찾지 못했다는 증거다. 무작정 쌓지 말고 쓸모없는 것을 배제하라. 그것이 아이가 사색하는 독서를 통해 지성이라는 대지에 도달할 수 있는 최선의 방법이다. 지금부터 구체적으로 어떤 방법이 있는지 차근차근 설명할 예정이니, 여기에 아이의 미래가 달려 있다는 생각으로 집중하길 바란다.

스스로 선택한 독서를 할 때
아이는 성장한다

독서의 가치는 현실에서는 쉽게 접할 수 없는 고급 지식의 전파에 있다. 때문에 좋은 책을 읽는다는 것은 과거의 가장 훌륭한 사람들과의 대화라는 말도 있다. 다만 여기에서 우리가 꼭 짚고 넘어가야 할 지점이 두 가지 있다. 하나는 '그 훌륭한 사람들이 과연 나를 만나줄 것인가?'에 대한 궁금증이며, 또 하나는 '만나더라도 내가 그들의 이야기를 이해할 수 있을까?'에 대한 의문이다.

쉽게 짐작이 되지 않는다면 현재의 기준으로 생각하면 된다. 괴테가 쓴 책을 읽는다는 것은 현재 괴테 수준의 지성을 가진 사람과의 대화를, 정약용이 쓴 책을 읽는다는 것은 마찬가지로 그 정도 수준의 학자를 만나서 대화를 나눈다는 것을 의미한다. 과연 그런 수준의 지성들이 현실의 당신을 만나줄까? 쉽게 답할 수 없다면 지금 당신의 주변을 둘러보면 된다. 주변에 괴테와 정약용 정도의 지성을 겸비한 사람들이 있는가? 혹시 그들을 만나더라도 그 대화의 질과 가치가 과연 스스로 경탄할 정도로 높은 수준일까? 아마도 현재 자신의 수준 이상의 것을 발견할 수 없을 것이다. 인간은 결국 자기 수준에 맞는 것만 보며 판단할 수 있기 때문이다. 그것이 바로 우리가 몇 세기 동안 최고의 책이라고 칭송을 받았던 고전을 아무리 반복해서 읽어도 아무것도 얻지 못하고 나아지지 못했던 이유의 전부다.

책은 권장하는 것이 아니다. "너 저 친구랑 놀아라"라고 아무리 부모가 친구를 골라줘도 아이는 쉽게 따르지 않는다. 친구는 스스로 찾는 것이기 때문이다. 책도 직접 부딪치며 스스로 선택해야 한다. 스스로 선택한 독서를 할 때 아이는 페이지를 넘기다가 우연히 마음에 남는 부분에서 멈추며 이전에 없던 창조력을 발휘하게 된다. 권장하는 독서는 아이의 독서력을 저하시킨다. 수준에 맞는 책을 읽거나, 아니면 읽고 싶은 책의 수준에 맞추어 자신의 수준을 끌어올려야 한다.

이런 결심과 행동 없이 과거의 수동적인 독서를 반복한다는 것은 본격적으로 시간을 낭비하겠다고 선언한 것과 같다. 우리가 너무 수준 높은 책을 읽으며, 지적 수준의 변화를 느끼지 못하는 이유가 바로 여기에 있다. 단지 단어만 발음할 수 있다고 해서, 그걸 이해하고 자신의 것으로 만들었다고 볼 수는 없기 때문이다. 더구나 아이들에게는 그게 더욱 쉽지 않다. 고전은 물론 좋은 책이다. 소중한 가치를 담고 있기 때문에 오랫동안 사라지지 않고 지금까지 전해질 수 있었으니까. 하지만 이제 아이는 스스로 책을 선택해야 한다.

아이들도 고전 그 자체를 위대하며 신비롭게 느낄 것이다. 그래서 읽으면 읽을수록 색다른 가치를 발견하게 된다. 하지만 모두가 고전의 가치를 실감하지 못하는 이유는 바로 '누가 시켜서 억지로 읽는 독서'이기 때문이다. 누구나 읽을 수는 있으나, 모두가 빛을 발견할 수는 없다. 현실을 제대로 짐작하고 인정해야 한다. 현실을 알아야 발전을 도모할 수 있다.

그럼 세상이 인정한 책을 읽고 그 가치를 발견하려면 어떻게 해야 할까? 자기 주도적인 독서는 바로 이 질문에서 시작한다.

우리는 어떻게 하면 고전을 읽을 수 있는 수준으로
자신을 끌어올릴 수 있을까?
어떻게 하면 아이들에게 그 방법을 전수할 수 있을까?

자기 주도적 독서 습관이
평생 공부 습관을 결정한다

앞서 언급한 '자기 주도적으로 책을 읽는 아이'로 키우려면, 이 부분을 집중해서 들여다봐야 한다.

'스스로 의자에 앉아서 공부를 시작할 수 있는가?'

'혼자서 오랫동안 무언가 하나를 바라보며 그 시간과 공간의 주인이 될 수 있는가?'

자기 주도성과 깊은 내면의 힘을 갖는다는 것은 곧 책을 읽을 때 순간적으로 자신의 능력을 끌어올려 무엇이든 분석하고 받아들일 수 있다는 사실을 의미하기 때문이다. 선입견이 생기는 것을 막기 위해 어디인지는 밝히지 않지만, 실제로 깊은 내면을 소유했으며 동시에 스스로 공부하는 아이들이 가득한 교실과 나라가 하나 있는데, 그곳에는 놀랍게도 시험이 없다.

'시험이 없다.'

여러분은 이 말에 대해서 어떻게 생각하는가? 스스로 공부하는 아이들이 있다는 사실과 시험이 없다는 사실 중 무엇이 더 놀라운가? 그러나 자세히 살펴보면 스스로 공부한다는 현상과 시험이 없다는 사실은 물이 흐르듯 매우 자연스러운 모습이다. 스스로에게 한번 질문해 보라.

'우리는 왜 시험을 보는 걸까?'

이것은 정말 중요한 질문이다. 지금까지 우리가 수많은 교육을 받으면서도, 좋다는 책을 반복해서 읽으면서도 조금도 나아지지 못했던 이유를 바로 이 질문에 답하며 발견할 수 있다. 시험을 볼 수 있는 이유는 '같은 부분을 공부한 수많은 아이가 있기 때문'이다.

이는 매우 중요한 사실이다. 예를 들어서 이런 것은 시험을 볼 수가 없다. 산책길에서 만난 풍경들, 지난 일주일 동안 읽었던 책, 가장 사랑하는 사람에 대한 것들. 다수가 어떤 과목의 어떤 부분에 대해서 똑같이 공부했을 때만이 우리는 그걸 평가할 수 있는 시험을 볼 수 있다. 반대로 수월하게 평가를 하기 위해 같은 부분을 공부하라고 주문하는 것으로 생각할 수도 있다.

그러나 스스로 공부하는 아이들이 가득한 곳에서는 시험 자체가 불가능하다. 스스로 공부하기 때문에 저마다 모두 다른 영역의 다른 부분을 공부하기 때문이다. 이것이 바로 '자기 주도적 공부'의 매력이다. 누구도 그 아이를 시험이라는 틀에 가둘 수 없고, 마음대로 줄을 세울 수도 없다. 수천 명의 아이들 중 한 사람이 아닌, 스스로 자신을 대표하는 한 사람으로 살아갈 수 있는 것이다. 스스로 공부한다는 사실은 그래서 중요하다. 그저 공부를 한다는 그 자체가 아니라, 자기만의 삶을 창조할 수 있다는 점에서 인생 그 자체가 '위대한 시작'인 셈이다.

이제 조금 더 본질적인 질문을 던져보자.

'자기 주도적 공부의 시작은 어디에서 비롯되는 걸까?'

유일한 답은 바로 독서다. 모든 아이들은 읽는 것부터 시작해서 스스로 무언가를 보고 배우며 느끼는 삶의 가치를 발견하게 된다. 그래서 독서가 아이들 삶에 중요한 것이다. 독서의 가치와 그것이 결과로 이어지는 과정을 제대로 알아야 독서라는 지적 도구에 접근할 수 있다.

진정한 독서란
나를 위한 배움

과학과 수학, 철학과 역사 등 다양한 분야의 책이 지금도 폭우가 쏟아지듯 세상에 나오고 있다. 수많은 책을 바라보고 있자면 저절로 이런 생각이 든다.

'어쩜 저렇게 많은 책이 나오는 걸까?'

그러나 거의 모든 신간은 세상에 나오자마자 잊히고, 그 자리를 또 다른 신간이 차지한다. 멈추지 않는 그 반복 속에서 우리가 중심을 잡고 한 권의 책을 읽으려면, '왜 신간은 자꾸만 기억에서 잊히는가?'라는 질문을 던져볼 필요가 있다. 그리고 이 질문은 다시 이렇게 변주할 수 있다.

우리는 왜 읽었다고 생각한 내용을
전혀 기억하지 못하는가?

하나는 반복해서 읽지 않아서 그렇고,

또 하나는 정진하지 않아서 그렇다.

독서에서 중요한 것은 많이 읽는 게 아니라

조금 읽어도 멈추지 않고 반복해서 읽는 일상이다.

독서는 우리에게 대단한 결심이나 계획을 요구하지 않는다. 다만, 한 문장씩이라도 매일 조금씩 읽기로 결심하라. 그리고 그 결심을 잊지 말고 마음에 품고 살아라. 하루 10분 정도 시간을 내면 3개월 안에 스스로 느낄 수 있는 변화가 시작될 것이다. 그럼, 도대체 어떻게 해야 아이가 싫증을 느끼지 않고 책을 꾸준히 읽을 수 있을까? 답은 바로 '일상의 활용'에 있다.

수학은 많은 학생들에게 기피하고 싶은 과목이다. 이유가 뭘까? 간단하다. 일상에서 활용할 수 있는 학문이 아니라고 생각해서 그렇다. 그래서 많은 교육자들이 입을 모아 이렇게 외친다. "일상에 숨어 있는 수학을 가르치면 됩니다!"라고. 하지만 여기에서 우리는 다시 멈추게 된다. "알겠어요, 그런데 어떻게?"라고. 누구나 외치는 건 참 쉽다.

그래서 늘 중요한 것은 실제로 활용할 방법과 과정을 알려주는 것이다. 예를 들어, 사물의 길이를 재는 공부를 할 때 주로 어떤 방법을 사용하는가? 자를 활용하게 된다. 그런데 그건 매우 1차원적인 방식이라 일상에서 수학의 가치를 제대로 전하는 데 큰 역할을 하지 못한다. 자를 사용해서 대상의 길이를 재고 답을 맞추는 것도 좋지만, 조금만 시선을 돌려서 생각하면 그보다 더 귀한 가치를 아이에게 전할 수 있다. 바로, 자신의 발과 허리를 재보게 하는 것이다. 그럼 아이는 이렇게 질문할 것이다.

"굳이 제 발 길이를 재봐야 할까요?"

"쓸모도 없는 일을 뭐하러 해야 하죠?"

기회는 바로 이때다. 공부의 이유가 단순히 시험에서 답을 맞추기 위해서가 아니라, 일상에서 필요하기 때문이라는 사실을 알려줄 수 있기 때문이다. 이런 식으로 말하며 아이에게 접근해보자.

"해외로 여행을 가본 적이 있지? 만약 없다면 상상을 통해서도 얼마든지 상황을 그릴 수 있지. 네가 만약 말이 통하지 않는 나라에서 신발을 잃어버렸다고 치자. 그럼 그때 어떤 정보가 가장 필요할까?"

"발 크기를 알아야 하죠."

"맞아. 이렇게 평소에 자기 몸의 크기와 길이를 재보는 것은 그럴 때 꼭 필요한 정보가 되어 준단다."

그럼 아이는 공부의 이유가 시험을 위해서가 아니라, '자신을 위한 배움'이라는 사실을 알게 된다. 거기에서 바로 지적인 흥미가 시작되고, 지식에 대한 열망이 뜨거워지는 것이다. 늘 책을 읽을 때도 이런 질문을 할 수 있어야 한다.

"읽은 것을 어떻게 하면 나를 위해 활용할 수 있을까?"

아이에게 세계의 평화와 인류의 미래를 위해 살아야 한다는 거창한 말은 성장에 별 도움이 되지 않는다. 그것보다는 '자신의 성장과 발전을 위해 살았던 사람은 나중에 커서 그 능력을 인류를 위해 쓸 수 있다'는 사실을 알려주는 게 좋다. 뭐든 순서가 제대로 정해져야 원하는 것을 이룰 수 있다. 삶의 순간순간마다 마주치는 모든 것에서, 아이가 <u>스스로</u> 두 가지 질문을 할 수 있게 하자.

'이 문장에서 나는 뭘 느꼈는가?'
'그 느낌을 나를 위해 활용하려면 어떻게 해야 하나?'

일상에서 작은 것이라도 자신을 위해 할 수 있는 것을 찾게 해야 지치지 않고 즐겁게 책을 읽을 수 있다. 아무리 끈기가 없는 아이라도 자신을 위해 살아가는 삶에서는 쉽게 지치지 않기 때문이다.

모르는 것을 알게 하는 힘,
1문장 입체 독서법

보통 초등학교 4학년 이후로 읽기 능력이 정체되는 사례가 꽤 많이 나타난다. 그 이유가 뭘까? 굳이 책을 많이 읽을 필요는 없다. 중요한 건 한 문장, 한 권을 '잘 읽는 것'이다. 한 권을 제대로 읽었다면 권수가 굳이 많을 이유가 없다. 눈으로만 읽고 머리로는 이해하지 못하는 읽기 습관이 오히려 권수만 강조하는 세계로 향하게 만든다. 보통 아이들은 초등학교 3학년 정도까지는 독서를 좋아하고 스스로 실천하기도 한다. 비록 학습 만화라고 할지라도 스스로 찾아서 읽는 경우가 많기 때문이다. 때문에 아이들의 읽기 능력이 꾸준하게 향상되고 있다는 확신도 든다.

그러나 중학교나 고등학교에 진학해서 수많은 책을 읽지만, 오히려 읽기 능력은 떨어진다. 이유가 뭘까? 드라마처럼 흥미로운 소설과 이야기 형식의 책은 잘 읽지만, 신중하게 읽어야 하거나 비판이 필요한 책은 도무지 진도를 나가지 못한다. 바로 생각하며 읽지 못하기 때문이다.

독서할 때 가장 중요한 건 '생각'이다. 초등학교 3학년까지의 독서는 생각이 굳이 필요하지 않은 낮은 수준의 독서라서 티가 나지 않았을 뿐이다. 그저 단어를 발음하고 읽는 자체로 충분했으며 독후 활동이 필요하거나 응용 활동이 필요하지도 않았다. 하지만 초등학교 4학년이 되면서 모든 것이 바뀐다. 생각해야 이해할 수 있는 지문이 나오며, 읽은 것을 글로 표현하는 글쓰기 숙제도 해야 한다. 이때 갈피를 잡지 못한 아이들은 방황하며 독서 자체를 싫어하게 된다. 이것이 큰 문제인 이유는 아예 '읽기' 자체를 싫어하게 되기 때문이다.

결국 그런 악순환이 되풀이되며, 학교에서 내주는 문제를 이해하지 못해서 풀지 못하는 기이한 일을 경험하게 된다. 다른 나라의 언어로 쓰여 있는 것도 아닌데, 한글로 쓰여 있는 문제 자체를 읽지 못하는 것이다. 최근 아이들의 문해력 저하 문제가 크게 이슈화되었는데, 모두 스스로 생각하지 못하기 때문에 일어나는 암울한 결과다.

여기에 바로 '1문장 입체 독서'의 필요성이 존재한다. 입체적 독서는 인문학적인 요소가 담겨 있는데, 이 독서법의 핵심은 새로운 것을 더 배우기 위해 머나먼 곳을 찾아가는 것이 아니라 바로 지금 아이가 살아가는 곳을 새로운 눈으로 바라보며 자신이 가진 것을 적절하게 활용하는 것에 있기 때문이다. 한마디로 '1문장 입체 독서'의 본질은 배우는 것이 아니라, 발견하고 변주하는 것이다. 내면의 수업을 통해 이루어지는 가장 개인적이면서도 지적인 행위라고 볼 수 있다.

> 1문장 입체적 독서 교육은
> 배움이 느린 아이들의 일상에서도
> 최고의 결과를 낼 수 있다.
> 여러 권을 빠르게 많이 읽지 않아도,
> 단어와 문장만으로 얼마든지 분야를 확장해서
> 다양한 것을 스스로 깨닫게 할 수 있다는 장점이 있기 때문이다.

모두에게 각자 가장 적절한 길을 제시하는 것. 바로 '1문장 입체 독서'가 중요시하는 교육 철학이다.

누구에게나 시간은 공평하다. 결국 공부할 줄 아는 아이는 자신에게 주어진 시간을 다른 아이들과 전혀 다르게 활용하며, 자신의 지적 능력을 계속해서 높이는 선택을 하고 있다. 거기에 바로 우리가 앞으로 알아나갈 '1문장 입체 독서법'의 핵심이 집중되어 있다.

당신은 아이의 자기 주도성을
존중하는 부모인가

자기 주도성은 거의 모든 부모가 그 중요성을 인식하며 동시에 아이에게 전해주고 싶어 하는 최고의 가치라고 말할 수 있다. 먼저 정말 중요한 질문을 하나 던진다. 질문이 조금 길지만 천천히 음미하듯 읽어보길 바란다.

당신의 아이가 직접 책을 선택하고,

그걸 읽을 시간을 정하고,

읽고 느낀 것을 어떻게 활용할지

계획하고 실천하는 모든 과정에,

얼마나 아이의 '자기 주도적 판단'이 들어가 있는가?

만약 잘 기억이 나지 않는다면, 지금 아이의 삶을 돌아보자. 아이가 살아가는 일상 곳곳에 얼마나 '자기 주도적 판단'이 들어가 있는가? 스스로 원하는 책을 선택해서 원하는 시간에 읽는가? 무엇을 먹고 무엇을 입을지 스스로 선택해서 상황을 주도하는가? 일상에서 자신의 의견을 자주 펼치고 있는가?

매우 슬픈 일이지만, 그런 부분이 거의 없다는 사실을 깨닫게 될 것이다. 어른과 선생님 혹은 부모의 명령과 지시에 따라 기계처럼 움직이며 살아가고 있을 가능성이 매우 높다. 그게 현실이지만, 반대로 공부할 때는 어떤가?

'평소에는 자기 주도성을 전혀 인정하지 않으면서, 유독 공부할 때만 자기 주도성을 발휘하기를 바란다.'

식당에서 자신이 먹을 메뉴 하나도 제대로 정한 적이 없는 사람이 과연 공부라는 커다란 산 앞에서 자기 수도성을 발휘할 수 있을까? 메뉴 하나를 지식 하나로 비유하면, 공부라는 커다란 주제는 수천 개의 메뉴가 쌓이고 또 쌓여서 탄생한 하나의 진리인데, 그 앞에서 과거에 없던 자기 주도성이 갑자기 나올 수는 없다. 효과적인 공부와 독서를 위해서는 말로만 자기 주도성을 강조하는 것이 아니라, 일상의 문제를 해결하기 위해 아이가 스스로 생각하고 무언가를 선택한 경험이 필요하다.

이를테면 가족과 여행을 떠날 때도 자연스럽게 연습을 할 수 있다. 모든 비용을 부모가 처리하는 게 아니라, 여행을 떠나며 아이에게 현금을 주고 직접 계산하게 하고, 식당이나 박물관 등에서도 스스로 선택하고 행동할 수 있게 돕는 것이다. 결코 어렵거나 힘든 일이 아니다. 나이가 중요한 역할을 하는 일이 아니기 때문이다. 어리다고 못하는 일이 아니고, 나이가 들었다고 잘할 수 있는 것도 아니다. 그저, 빠르게 시작해서 자주 해본 사람이 더 능숙하게 해낼 수 있다. 그리고 그 모든 경험은 아이의 자기 주도성으로 쌓여, 지적 변화를 통해 독서와 공부에서 차이를 내는 데 결정적인 역할을 하게 된다.

아이가 책임질 수 있는 일을 자주 맡게 하자. 그렇게 하다 보면 스스로 자신이 선택하는 일이 많아질 것이고, 그 안에서 실수와 실패를 하면서 자연스럽게 무언가를 주도한다는 것의 무게를 느끼게 될 것이다. 중요한 사실은 그런 과정에서 얻은 깨달음이 책을 읽고 공부를 할 때도 자기 주도성으로 발휘되기 때문에 큰 도움이 된다는 사실이다.

부모의 눈빛이
아이의 미래를 결정한다

왜 수많은 자녀교육 전문가와 학부모들이 유독 초등학교 때 아이의 각종 지적 행동에 변화를 주려고 하는 걸까? 그들도 경험을 통해 이미 이 사실을 알고 있기 때문이다.

'중학교에 들어가면 현실적으로 점점 자기 주도적 일상을 사는 게 힘들어진다.'

책을 싫어하는 아이를 갑자기 독서를 좋아하는 아이로 바꾸거나, 공부에 흥미를 느끼지 못하는 아이에게 공부의 즐거움을 선사하기도 부모 입장에서는 점점 힘들어진다. 이유는 간단하다. 기다릴 여유와 힘이 이제는 사라졌기 때문이며, 아이 역시도 암기와 강요, 간섭과 통제로 점철된 일상을 보내면서 더욱더 자기 주도적 일상에서 멀어지게 되었기 때문이다. 슬프지만 맞는 말이다. 그래서 뭐든 골든타임을 놓치지 않는 것이 중요하다. 다음에는 기회 자체가 허락되지 않을 수도 있기 때문이다.

그래서 독서를 좋아하게 만들고 애정을 느끼게 하는 시기는 빠르면 빠를수록 좋다. 다시 강조하지만 아이를 향한 여유와 인내를 가질 수 있는 데에도 결정적 시기가 있는 셈이다. 결정적인 팁을 하나 공유하자면, 모든 변화는 부모의 눈빛에서 시작하는 게 좋다. 아이는 부모의 눈빛을 보며 다양한 정보를 얻고 느끼기 때문이다. 앞에서 언급한 것처럼 자기 주도적인 일상을 살 수 있는 기회를 자꾸만 빼앗으면서 유독 공부할 때만 자기 주도성을 강조한다면, 그게 아이 삶에서 실현될 수 있을까? 입으로는 아이에게 자유롭게 하라고 말하지만, 눈에서는 이미 강력한 감시와 통제의 빛이 나가고 있다.

'어디 잘할 수 있나 보자!'

'너, 내가 지켜보고 있어!'

이런 눈빛으로 아이를 바라보며 자기 주도성이 길러지길 바란다면, 그건 너무나 큰 욕심 아닐까? 부모가 신뢰의 눈빛으로 바라봐야 아이는 그 눈빛에 맞는 아름다운 일상을 보낼 수 있다.

부모의 눈빛이 아이가 살아갈 미래를 결정한다. 아주 사소한 것에도 반응할 정도로, 아이의 삶은 작지만 소중한 가치들이 모여서 만들어진 산이라고 말할 수 있다. 시작할 때는 조금의 노력으로 바꾸거나 옮길 수 있지만, 나중에는 아예 기회조차 얻기 힘들다. 무기력과 억압, 명령만 기다리는 일상이 이미 무겁게 자리를 잡았기 때문이다. 중학생이 되기 전에 시작해서 마무리를 해야 좋다고 말한 이유가 여기에 있다. 물론 불가능한 것은 아니지만, 시간이 지날수록 한 사람의 인생에 쌓인 인식을 바꾸기란 매우 어려운 일이기 때문이다.

아이를 바라볼 때, 이런 눈빛을 자주 전하는 게 좋다.

'나는 네가 할 수 있을 때까지, 밝게 웃으며 지켜볼 거야.'
'실수하거나 실패해도 괜찮아. 언제든 다시 시작할 수 있단다.'
'너는 지금도 잘하고 있어.'
'다만 아직 시간이 조금 더 필요할 뿐이란다.'

아이와 부대끼며 살아가다 보면 자주 실망하고 또 자주 분노하게 된다. 그러나 그런 유혹에 넘어가려고 할 때마다 믿음과 애정을 담은 눈빛이 얼마나 아이에게 큰 힘을 주는지 기억하자. 아홉 번 분노했어도 괜찮다. 한 번 웃어줄 수 있다면 아이는 그걸로 아홉 번의 고통을 잊고 다시 부모를 믿고 따를 힘을 얻을 테니까. 중요한 건 한 번 분노의 눈빛을 보냈다고 "역시 나는 안 돼!"라며 자책하고 포기하지 않고, 다시 마음을 다잡고 신뢰와 사랑의 눈빛으로 아이를 바라보는 것이다. 누구든 분노의 강을 건널 수는 있다. 하지만 아이를 사랑하는 부모만이 그 강을 다시 건너와서 처음처럼 예쁘게 바라볼 수 있다. 아무리 힘들어도 사랑하는 마음만 기억하자.

한 줄의 지식을 열 가지로 늘려주는 부모의 독서 조언

이 책의 집필은 순간적으로 이루어진 것이 아니다. 지난 20년 넘게 아주 조금씩 사색과 실천 그리고 경험을 통해 한 줄 한 줄 써나가며 완성한 것인데, 이번 챕터에서는 유럽에서 느낀 소중한 영감을 하나 소개하려고 한다. 이 책의 집필을 위해 유럽의 각국을 돌아다니며 학생들을 만날 기회가 생길 때마다 나는 이렇게 물었다.

"너희들은 공부가 즐겁니?"

그러자 그들 중 절반 이상은 놀랍게도 "그렇다"라고 답했다. 나는 긍정의 답을 준 학생에게만 다시 이렇게 물었다.

"왜 공부가 즐거운 거니?"

"대체 공부의 무엇이 너에게 즐거움을 주는 거야?"

내 질문에 그들은 '너무나 당연해서 그런 식의 질문은 생각한 적도 없다'는 표정으로 이렇게 답했다.

"모르는 것을 알게 되니까요. 게다가 실제로 우리 삶에 적용이 가능한 것들이니 호기심과 즐거움이 생길 수밖에 없죠."

충격적인 대답이다. 만약 한국에서 "나는 공부가 즐거워요"라는 대답을 했다면, 사람들은 당장 성적표를 공개하라고 요구했을 것이다. 그런 말을 할 자격이 있는지 먼저 검사한 후, 혹시 실제로 성적이 좋다면 "천재니까 그런 거지"라는 말로 그 아이의 말과 삶을 잊었을 것이다.

하지만 여기에는 매우 심오한 공부의 원리가 숨어 있다. 공부가 즐겁다는 유럽의 아이들에게, 한국의 이런 실정을 알려주면 아이들은 기겁하며 놀라워한다.

"한국에서는 과학과 수학의 원리를 이해하기보다는 문제를 푸는 그 과정을 암기하고 있어."

그럼 아이들은 의심이 가득한 눈빛으로 이렇게 반문한다.

"에이, 전부가 그런 건 아니겠죠. 특별한 경우만 그렇죠?"

내가 답을 하지 못하고 망설이면, 그들은 정색하며 다시 묻는다.

"그런 재미와 쓸모까지 없는 교육을 하는데, 학생들이 가만히 있나요? 왜 자신에게 그런 말도 안 되는 것을 허락하나요?"

앞서 말한 유럽의 아이들이 공부를 즐겁다고 한 이유는 그들이 답한 말에 모두 담겨 있다.

"모르는 것을 아는 즐거움이 크고,
게다가 그것을 생활에 적용할 수 있어

공부와 독서의 가치를 느꼈기 때문이에요."

반대로 우리는 이해해야 할 내용을 암기하고, 분석해야 할 부분을 주입받고 있으니, 그 안에서 즐거움을 느낄 겨를이 없다. 너무나 당연한 결과인 셈이다. 그래서 독서는 지금 우리 아이들에게 반드시 필요한 지적 도구다. 독서를 통해서 우리는 아이들에게 공부의 가치와 쓸모를 쉽게 전할 수 있기 때문이다.

이때 필요한 것이 '지식의 구성 방법'에 대한 이해다. 그것을 배워둔 아이는, 언제든 자신이 원하는 때에 원하는 수준으로 나아갈 수 있기 때문이다. 그 아이는 보고 듣고 느끼는 모든 것들을 하나의 '자기만의 지식'으로 구성할 줄 알기 때문에 성장 역시 남다르며 그 결과 역시 다른 아이들과 구별된다. 그 위대한 능력은 바로 다음 두 가지 독서 조언에서 시작한다.

1. "어떤 책이든 다 괜찮아."
2. "네가 좋아하는 책을 선택해서 읽으면 되지."

모두가 알고 있는 이 평범한 독서 조언이 특별한 능력을 선물하는 이유는 뭘까? 어떤 책이든 다 괜찮다는 말은, 이미 그 말을 하는 동시에 '세상에 쓸데없는 책은 없단다. 네가 이해하고 받아들이기 나름이지'라는 가치를 전하고 있다. 그리고 또 하나, 가장 좋아하는 책을 읽으라는 말은 '사람은 자신이 사랑하는 것으로부터만 배울 수 있다'는 공부의 본질을 알려준다. 이 조언은 아이로 하여금 '자기만의 지식 구성법'을 깨달을 수 있는 최선의 방법이자 지혜로운 선택인 셈이다.

단순히 좋은 것을 흉내 내는 것만으로는 아이에게 그 무엇도 전하기 어렵다. 좋은 것이 있다면 부모가 먼저 그게 왜 좋은지 이유를 밝혀서 설명까지 할 수 있어야 한다. 내가 앞서 두 가지 독서 조언과 그 가치를 여러분에게 전한 것처럼 말이다. 이유를 알아야 그 가치를 알 수 있고, 가치를 아이에게 전할 수 있다. 왜 이런 방식의 독서가 좋은지 모르는 상태에서 진행한 독서는 아무런 변화와 가치도 전하지 못하고 끝날 가능성이 농후하다. 이유는 간단하다.

'모르는 것을 어떻게 가질 수 있겠는가? 아는 것만 내 것이 될 수 있다.'

독해력과 문해력을 기르는
하루 5분 낭독 훈련

늘 고민하게 되는 지점이다. '낭독'으로 읽는 것이 좋은가, 아니면 '묵독'으로 읽는 것이 좋은가? 당신의 선택은 무엇인가? 중요한 건 그 평가의 중심에 '이해'와 '소리'라는 키워드가 존재한다는 사실을 자각하는 것이다. 같은 사람이 읽어도 그 문장을 읽은 시기에 따라서 다른 감동이 전해진다. 그 사람에게서 과거에는 느끼지 못했던 감정을 발견했기 때문에 일어나는 현상이다. 이유가 뭘까? 음성이 변했을까? 아니다. 바로 '이해'라는 키워드가 그 중심에 있다.

한 사람이 내는 소리는 그 사람이 이해한 수준을 넘지 못한다. 충분히 이해하지 못한 표현과 단어 그리고 문장은 아무리 멋진 음성으로 낭독해도 감동을 전할 수 없다. 중요한 건 소리 그 자체가 아니라, '자신이 발음하는 글자를 얼마나 이해했느냐?'이기 때문이다. 이것이 바로 1문장 입체 독서 프로그램에서 내가 낭독으로 각 파트를 마무리

하는 이유다.

그 단어와 표현을 충분히 이해하고 낭독하는 사람의 소리는 다르다. 낭독하는 기술이 좋아진 게 아니라, 이제야 자신이 낭독할 부분에 대한 이해도가 높아진 것이다. 의미를 이해하게 되면 한 줄을 읽어도 남는 것이 있고, 듣는 사람에게도 그 의미를 더 농밀하게 전할 수 있게 된다. 수많은 책을 읽었지만 여전히 스스로 나아지는 것이 없어 고민하는 이유가 바로 거기에 있다. 그는 그저 페이지를 넘겼을 뿐, 그 의미를 느낀 적은 없었기 때문이다.

그래서 부모가 아이에게 책을 읽어주는 낭독은 다른 무엇과도 바꿀 수 없는 매우 중요한 지적 활동이다. 아이를 향한 부모의 사랑보다 더 큰 이해는 없기 때문이다. 독해력과 문해력을 동시에 기르고 싶다면 부모와 아이가 시로 같은 문장을 번갈아가며 읽어주는 연습을 하루 5분 정도만 하면 된다. 그 과정과 풍경을 글로 표현하면 이렇다.

아이는 자신이 아직은 이해하지 못하는 문장을
부모의 낭독을 통해 조금씩 이해하게 될 것이고,
마찬가지로 부모도 자신이 이해하지 못하는 문장과 단어를
아이의 낭독으로 이해하게 될 것이다.
서로에게 같은 문장을 읽어주는 낭독은
두 사람 모두의 지적 성장을
극적으로 높여주는 최고의 방법이다.

부모가 읽으면 아이는 듣고,

아이가 읽으면 부모는 듣고,

낭독과 경청의 반복을 통해,

서로 몰랐던 것을 이해하게 되면서

두 사람은 사랑하는 하나의 풍경이 된다.

하나 묻는다.

"수영에 대한 지식을 배우면 그 기억이 얼마나 지속될까?"

그럼 이번에는 다른 질문이다.

"수영을 실제로 했던 몸의 기억은 얼마나 지속될까?"

굳이 수영이 아니더라도 삶의 모든 것이 다 마찬가지다. 우리는 눈으로 배운 것보다 실제로 몸을 움직여서 알게 된 것을 더 오랫동안 기억한다. 눈으로만 읽는 묵독에 비해서 낭독이 좋은 이유는 읽기 위해 몸의 다양한 기관을 스스로 움직이며, 낭독한 문장을 이해하기 위해서 두뇌의 다양한 부분을 활용하고, 이를 전체적으로 내면에 흡수하기 위해 정신을 집중하며 나아간다는 데 있다. 그래서 2단계부터는 파트 마지막에 각각 낭독하는 부분을 배치했다. 독서와 내적 성장에 도움이 될 만한 적절한 문장을 심혈을 기울여서 썼으니 부모와 아이가 번갈아 낭독하며 행복한 시간을 즐기기를 바란다.

STEP 2
책과 친해지기

문해력이 극대화되는
읽기 환경 만들기

읽은 문장을
1인칭으로 바꿔 말하기

독서를 멋지게 해내기 위해 아이들에게 필요한 것은 단순히 읽는 것 자체가 아니다. 읽은 것을 자기 삶에서 다양한 방식으로 실천해야 하고, 스스로 적용하려는 의지를 가져야 하며, 이를 가능하게 할 방법을 찾으려는 노력이 핵심이다. 그것의 부재가 바로 아무리 책을 반복해서 읽어도 달라지지 않는 이유의 전부이기 때문이다. 안타깝게도 세상에는 두 부류의 아이가 존재한다. 읽은 것을 뭐든지 곧장 실제로 삶에 응용하느라 늘 생각하는 아이, 마지막 페이지를 읽고 책을 덮는 동시에 생각을 멈추는 아이. 모든 부모의 바람은 전자일 것이다. 어떻게 하면 그런 능력을 가질 수 있을까? 하나하나 살펴보자.

전자에 언급한 독서를 가장 이상적으로 활용하는 아이는 매우 다양한 방식으로 자신의 사고력이나 기획력, 그리고 상상력을 활용한다. 또한 나아가서는 어떤 종류의 기술을 익히는 데 읽은 경험을 적절히 활용해서 누구보다 쉽고 빠르게 성장한다는 특징이 있다. 하나 특이한 사실은 주변에서 바라보면 매우 특별하게 보이지만, 정작 아이 자신은 스스로 특별하다고 생각하지 않는다는 것이다. 아이 입장에서는 그저 읽은 것을 실제 삶에 적용하는 습관을 들인 것에 불과하기 때문이다. 배운 것이 자연스러운 습관으로 자리 잡는 것. 다른 어떤 방법으로도 이토록 빠르고 빼어나게 멋진 성장을 이루기는 쉽지 않을 것이다. 보통은 읽은 것을 억지로 실천해서 쉽게 흥미를 잃고, 결국 중간에 멈춰서 끝까지 완성하지 못하기 때문이다.

오랫동안 관찰하며 연구한 결과에 따르면,
스스로 읽은 것을 일상에서
자기 의지로 실천하는 아이들의 비결은
바로 '1인칭 말하기'에 있다.

쉽게 말하면 이렇다. 책에서 읽은 내용을 1인칭으로 바꿔서 이야기를 하는 습관을 들이는 것이다. 예를 들자면 이런 식으로 응용할 수 있다. 모두가 아는 명작 『어린왕자』에는 이런 대사가 나온다.

"만약 네가 오후 4시에 온다면, 난 3시부터 행복해지기 시작할 거야!"

이런 대사를 아이가 자신의 입장에 맞게 1인칭으로 바꿔서 표현하게 하는 것이다. 다양하게 나열하면 이렇다.

"만약 내가 오후 4시부터 게임을 할 수 있다면, 나는 3시부터 행복해지기 시작할 거야."

"만약 내가 오후 4시부터 공부를 시작해야 한다면, 나는 3시부터 마음이 불안해지기 시작할 거야."

조금은 장난스럽게 느껴질 수도 있다. 하지만 이건 결코 간단하거나 사소한 변주가 아니다. 이렇게 하면 남이 겪거나 생각해서 나온 글을 마치 자신의 경험과 생각에서 나온 것처럼 친근하게 읽고 이해할 수 있게 된다. 또한, 순서가 뒤바뀐 것과 이해하기 힘든 이야기도 스스로 예술적인 감각을 키우며 누구나 이해하기 쉽게 만드는 능력을 키울 수 있다. 그 안에서 아이들은 매우 다양한 지적 무기를 얻게 된다. 주로 이런 것들이다.

서로 다른 분야를 하나로 연결하는 힘,
앞뒤가 맞지 않는 이야기를 말이 되게 하는 힘,
아직 겪어본 적 없는 이야기와 지식을
상상 속에서 체험하면서 얻는 힘.

주어진 시간을
효율적으로 활용하는 법

안타까운 말이지만, 모든 책이 훌륭한 가치를 지니고 있는 것은 아니다. 또한 우리에게 주어진 시간은 제한적이다. 그래서 나는 독서에서 늘 '선택과 집중'에 대해서 강조한다. 책에서 실천할 내용을 찾는 것도 중요하지만, 본질은 선택과 집중에 있다. 깊고 심오한 뜻을 담고 있는 책은 쉽게 읽고 이해하기 힘들다. 반면에 훑어보는 수준으로 읽어도 이해할 수 있는 책도 있다.

책을 선택하거나 읽기 전에 아이가 먼저 이런 질문을 던지고 시작하게 하자.

"이 책은 전력을 다해 읽어야 하는 책인가,

아니면 틈틈이 읽어도 될 책인가?"

이런 질문으로 책을 선택하거나 독서를 시작하면 후회하는 빈
도를 최대한 줄일 수 있다. 중요한 건 집중해서 읽어야 할 책과
그렇게 하지 않아도 될 책을 구분할 안목을 갖는 것이다. 반대
로 하거나 모든 책에 전념을 다하는 건 결국 자신의 시간을 낭
비하는 꼴이 되기 때문이다.

아이와 함께 읽어요

책을 아끼는 마음으로 읽으면
저절로 실천을 하게 됩니다.

책을 아껴서 읽으라는 말은 무엇을 의미할까요? 책을 더럽히지 않고, 깨끗하게 읽으라는 조언일까요? 그렇지 않습니다. 눈에 보이는 부분을 아껴서 대하라는 것이 아니라, 그 안에 녹아 있는 지혜와 지성의 가르침을 아껴서 읽으라는 것이죠. 하나하나 귀한 가르침이니 허투루 지나치지 말고 '여기에 무언가 있다'라는 생각으로 깊이 읽어야 합니다. 그럼 자연스럽게 실천까지 하게 되니까요.

찬반이 나뉘는
문제에서 벗어나라

이런 생각을 해본 적이 있는가?

'왜 누군가를 비난하거나 욕하는 이야기는 빠르게 주변에 퍼지는 걸까?'

모든 현상에는 이유가 있다. 그걸 찾아내면 풀리지 않는 문제를 하나 해결할 수 있다. 논란이 되는 이야기가 사람들 사이에 쉽게 퍼져 전파되는 이유는 간단하다. 찬반이 팽팽히 맞선다는 것은 선택하기가 매우 쉽다는 것을 의미하기 때문이다. 찬성 혹은 반대, 이렇게 둘 중에서 하나만 선택하면 되는 문제이기 때문이다. 굳이 자신의 생각을 설명할 필요도 없다. 이처럼 거의 생각을 하지 않고 쉽게 선택할 수 있는 문제들은 그 특성상 언제나 가장 빠르게 확산한다.

자, 이제 우리의 일상으로 돌아와 생각해보자. 인생을 살며 우리는 선택의 기로에서 늘 방황한다. 언제나 그렇지만 자기 삶의 길을 선택하는 것은 매우 어려운 일이다. 선택이 끝이 아니라, 자신이 직접 걸어야 하는 길이기 때문이다. 여기에서 우리가 명심해야 할 부분은 인생의 길은 찬성 혹은 반대 딱 두 가지로만 나뉜 것이 아니라는 사실이다. 아무리 현명한 사람이라고 해도, 수백 개의 어지러운 길 위에서 어디로 가야 할지 도무지 감을 잡기 힘들다. 그러나 논란이 되는 문제는 그런 힘든 일상에서 잠시 벗어나 평소 쉽게 하지 못하던 선택을 매우 빠르게 그리고 강력하게 주장할 수 있게 해준다. '나도 뭔가를 선택해서 주장할 수 있는 사람이라고!' '내가 선택한 결론에 누가 토를 달고 있나!'라고 속으로 외치며 스트레스까지 해소할 수 있다. 지금 당장 주변을 보라. 모두가 달려들어 저마다 자신이 선택한 방향에 대해서 주장하고 있다.

이분법적 선택에서 벗어나아 우리는 비로소 생각이라는 회로를 가동할 수 있다. 그 시간이 평소 스스로 쉽게 결정하지 못하던 자신의 삶을 잠시 위로할 휴식 정도는 될 수 있지만, 훗날 돌아보면 아까운 자신의 시간을 잘 알지도 못하는 타인의 명예와 권력을 위해 낭비한 거라는 사실을 깨닫게 되며 후회할 것이다. 이제 아이와 함께 삶의 방식을 바꾸자. 논란이 되는 문제가 아닌, 전혀 논란이 되지 않는 문제에 관심을 갖는 것이 자신의 가치를 높이며 생각을 자극하는 데 훨씬 좋다. 찬반이 엇갈리며 서로 비난하고 욕하는 문제가 아닌, 모든 의견이 빛날 수 있는 문제로 생각하는 것이 지혜로운 방법이다.

물론 찬반이 엇갈리는 문제도 처음에는 건전한 비판으로 시작한다. 하지만 문제의 특성상 비판은 비난으로, 비난은 의미 없는 욕설과 비방으로 이어지게 된다. 그걸 우리는 이미 수없이 확인했다. 그런 문제 대신 아이와 함께 이런 문제에 대한 생각을 해보는 게 어떨까?

'부모의 사랑이 아이에게 미치는 영향은 무엇인가?'
'식사를 하며 책을 읽는 행동은 우리 삶에 어떤 영향을 줄까?'
'게임은 왜 사람을 기분 좋게 만드는 걸까?'

지금 당장 아이와 이야기를 나눠보자. 아마 다양한 방식의 생각이 나올 것이다. 이유는 간단하다. 이런 식의 문제는 찬반이 나뉘지 않아서, 모든 의견이 아름다우며 각자 자신의 삶에 맞는 좋은 방안이 될 수 있기 때문이다.

나에게 도움이 되는
책을 고르는 법

음식을 배가 부른 상태에서도 계속해서 먹는 것을 뭐라고 부르
나? '폭식'이라고 부른다. 마찬가지로 나오는 대로 말을 하며 누
군가를 비난하는 것을 '폭언'이라고 부른다. 그렇다면 닥치는
대로 혹은 주변 사람들이 좋다는 대로 책을 읽으면 그건 뭐라
고 부를 수 있을까? 답으로 나온 그것이 폭식이나 폭언과 다르
게 뭐가 있을까? 이런 질문으로 다가가면 자신에게 도움이 되
는 책을 고를 수 있다.

'내가 책을 고르는 이유는
내 의견에 맞는 책을 찾고 싶어서인가?

아니면 새로운 정보와

다른 의견을 듣고 싶어서인가?'

단순히 찬반만 구하는 모든 문제는 우리의 생각을 말살하며 폭
식 혹은 폭언과 같은 경험만 준다. 모두에게 열린 문제와 질문
을 갖고 책을 읽어야 그 독서는 빛난다. 자기 몸에 좋은 음식과
적당한 양이 따로 있는 것처럼 책도 그렇다. 실질적인 도움과
지혜를 주는 책을 스스로 선택할 수 있어야 독서를 통해 핵심
을 꿰뚫어보는 삶의 본질을 파악할 수 있다.

아이와 함께 읽어요

찬성과 반대보다
나만의 생각을 하는 것이 중요합니다.

우리가 책을 읽는 이유는 책 속 내용 중 나와 생각이 다른 부분을 찾아내어 그것을 비난하기 위함이 아닙니다. 우리가 만나야 할 지점은 '비난'이 아니라 '더 좋은 생각'이라는 별이죠. 더 좋은 생각이라는 별은, 언제든 누구에게나 빛을 전할 수 있기 때문입니다.

1문장 입체 독서 교육을
실천하는 마음가짐

독서가 아이를 위한 최선의 교육인 이유는 기회를 균등하게 제공하는 교육을 뛰어넘어, 개개인의 필요와 수준에 맞는 교육으로 진화한 형태이기 때문이다. 아이들이 성장하는 순간순간마다 꼭 필요한 지식과 사색을 우리는 책을 통해서 선명하게 전달할 수 있다. 각종 수업과 학습에서는 도저히 할 수 없는, '내 아이에게 꼭 맞는 교육'을 책을 통해서만 실현할 수 있는 셈이다. 그런 독서를 통해서 아이를 실제로 변화시키려면 다음 다섯 가지 조언을 꼭 기억하며 실천해야 한다.

1. 빠르게 책을 다 읽었다는 속도와 결과에 신경을 빼앗기지 마라.
2. 책을 읽고 느낀 부분을 빠르게 답하지 못한다고 비판하지 마라.
3. 읽는 속도가 너무 느리다고 아이의 진정성을 의심하지 마라.
4. 느낀 점을 말로는 하지만 글로는 쓰지 못한다고 글쓰기 능력이 없

많이 읽으라는 것이 곧 많은 책을 읽으라는 말은 아니다. 또한, 다양하게 읽으라는 것이 곧 다양한 영역의 책을 읽으라는 말도 아니다. 많이 읽으라는 것은 하나의 책과 하나의 문장을 반복해서 읽으라는 뜻이고, 다양하게 읽으라는 것은 같은 책과 글을 다양한 시각으로 읽으라는 뜻이기 때문이다. 같은 조언도 이렇게 시각을 다르게 해서 접근하면 비로소 보이지 않았던 본질을 발견할 수 있다.

독서 이전에 우리가 기억해야 할 부분은, '똑같은 아이는 없다'라는 멋진 사실이다. 모두가 달라서 모두에게 각자의 가능성이 있다. 함께 출발한다고 해서 모두 같은 지점에 도착하는 것도 아니고, 동시에 도착하는 것도 아니다. 달라서 차이가 나고, 차이가 나서 아름다운 것이다. 변화 가치는 여기에서 끝나지 않는다.

당장 답하지 못하는 것이 아니라,
'당장 답하지 않는 것'이다.
반응이 느린 것이 아니라,
'차분하게 생각할 줄 아는 것'이다.

부모에게는 이 미세한 차이를 섬세하게 구분할 안목이 필요하다. 다른 아이들은 쉽게 읽고 이해하는 책을 우리 아이는 읽지 '못하는' 것이 아니라, 읽지 '않는' 것이다. 이유는 간단하다. 아이는 지금 자신이 어떤 책을 읽고 싶은지 깊이 생각하는 과정에 있기 때문이다. 부모에게 필요한 것은 오직 기다려주는 마음 하나다. 물론 기다림이 쉽진 않지만, 이 사실을 생각하면 기다릴 여유를 가질 수 있게 된다.

아이가 읽고 싶을 때 읽은 문장과 책이
훗날 아이 삶에 더 큰 힘이 된다.

그러므로 부모는 더 오랫동안 기다려야 한다. 계획한 대로 독서가 이루어지지 않는 것은 매우 아름다운 일이다. 아이가 남들과 다른 생각을 그것도 깊이 하고 있음을 증명하는 일이기 때문이다.

다산 정약용의
독서 습관

한국을 대표하는 독서의 대가 다산 정약용이 지은 『다산시문집』'오학론2(五學論二)'에는 독서법과 관련된 매우 귀한 글이 있다. 가장 아름답게 독서하는 사람에게는 다섯 가지 방법이 있었다고 말하며, 이를 다음 다섯 가지로 구분해서 소개한다. 이 방법들은 독서뿐만 아니라 아이의 공부 태도를 개선할 때에도 큰 도움을 준다. 다산의 독서 습관을 자신의 삶에 깊게 적용한 아이는 '배움'이라는 가치를 삶의 우선 순위에 두고 공부를 진

정으로 즐길 줄 아는 사람으로 자라날 것이다. 아이와 필사를

해도 매우 좋은 문장이니 다양하게 활용하기를 바란다.

1. 박학(博學) : 넓게 분야를 가리지 않고 배우는 자세를 가져야 한다.

2. 심문(審問) : 책에 자세히 묻는 자세로 읽어야 배움이 깊다.

3. 신사(愼思) : 쉽게 판단하지 말고 더 신중하게 생각하라.

4. 명변(明辯) : 확실하게 이것과 저것을 구분할 수 있어야 한다.

5. 독행(篤行) : 진실한 마음으로 성실하게 실천해야 독서는 비로소

끝이 난다.

아이와 함께 읽어요

독서는 내가 품고 있는 것을
가장 아름다운 형태로 만들어줍니다.

세상을 바라보는 눈이 맑아지고, 동시에 지금 자신이 어떤 상황에 놓여 있는지 잘 알고 있는 사람은 최고의 독서를 즐길 수 있습니다. 달걀을 품으면 병아리가 나오고, 공룡의 알을 품으면 공룡이 나오는 이치와도 같죠. 원하는 것이 있는데 자꾸만 다른 것만 나온다면, 자신을 돌아보면 됩니다. 그리고 이렇게 질문하는 거죠.

'나는 지금 무엇을 품고 있는가?'

아이와 클래식에
가사를 붙이며 놀아라

"클래식을 들으면 아이들 교육에 좋죠."

"클래식은 아이 감성을 키우는 데 아주 좋습니다."

클래식이 좋다는 건, 정말 평생 듣는 말 중 하나다. 그러나 구체적으로 질문하면 금방 답이 나오지 않는다.

"아이들에게 어떤 도움이 되는 거야?"

"왜 좋은 거야?"

"분명한 변화를 느끼려면 어떻게 해야 하나요?"

이런 질문에 분명한 답을 내놓는 사람은 별로 본 적이 없다. 누군가는 그냥 좋다고 말하고, 또 다른 누군가는 막연히 좋을 거라고 생각만 할 뿐이었다. 자, 이제 그런 무의미한 클래식 감상에서 벗어나 분명한 교육적 메시지를 확보한 내 방법에 귀를 기울이길 바란다.

나는 중학교 입학 이후 본격적으로 클래식을 감상하기 시작했다.

물론 다양한 음악을 다 즐겼지만, 중요한 건 '클래식도' 즐겼다는 사실이다. 내게는 클래식을 즐기는 분명한 이유와 방법이 있었다. 사실 이유와 방법은 한 몸이다. 이유가 분명하면 결국 방법을 찾게 되기 때문이다.

다른 음악도 즐기면서 내가 굳이 클래식까지 들었던 이유는 가사가 없기 때문이다. 나는 클래식을 감상하며 마치 작사가가 된 것처럼, 멜로디에 즉석에서 쓴 가사를 붙여서 노래로 불렀다. 그 모든 과정을 압축하면 이런 교육적 메시지를 만날 수 있다.

> 모든 아이가 처음부터 독서를 잘할 수는 없다.
> 먼저 언어와 가까워져야 하는데,
> 클래식을 즐겨 감상하고
> 거기에 가사를 만들어 부르면서
> 아이는 독서 이전에 언어와 친해지는 법을
> 스스로 깨우치게 된다.

클래식이 아이에게 좋은 이유는 가사가 없는 형태이기 때문에 그만큼 더 상상력을 자극할 공간을 제공하기 때문이다. 또한 멜로디라는 공간에 스스로 만든 가사를 붙이는 과정을 통해 언어와 친숙해지며 아이는 '멜로디를 읽는' 행위가 무엇인지 알게 된다. 책을 읽기 전에 멜로디를 읽으며 무언가를 읽는 연습을 스스로 하게 되는 셈이다.

글만 읽는 것이 아니라 '세상에 존재하는 모든 것은 읽을 수 있는 하나의 텍스트'라는 사실도 깨우치게 된다. 실제로 나는 그런 방식으로 수많은 아이들에게서 꽤 좋은 효과를 낼 수 있었고, 나중에는 이런 결론을 만나게 되었다.

'클래식을 좋아하고 가사를 붙여 부를 수 있는 아이들은 모두 독서를 좋아하며, 독서를 통해 지적 생산성을 높일 수 있다.'

어려운 일이 아니다. 그저 제대로 곡을 선택하고 반복해서 감상하면 누구나 할 수 있다. 클래식에 가사 붙이기 놀이를 통해 우리는 아이들에게 이런 효과를 기대할 수 있다.

1. 아무것도 없는 상태에서 하나하나 채우는 만족감
2. 서로 연관이 없는 것을 연결하며 얻는 창조력
3. 자신이 그리는 이미지를 글로 바꾸며 얻는 문해력
4. 나만의 작품 하나를 만들었다는 기쁨이 주는 자존감
5. 음악이라는 최고의 예술을 즐기며 얻은 경탄과 지성

방법은 앞서 말한 것처럼 간단하다. 중요한 건 차근차근 순리대로 끝까지 정진해야 한다는 사실이다.

1. 멜로디가 분명한 클래식을 선택한다.
2. 가급적이면 5분 안에 끝나는 곡이 좋다.

3. 부담을 느끼지 말고 반복해서 감상하자.

4. 문법에 맞는 말인지 전혀 생각하지 말자.

5. 중요한 건 의미를 전하는 것이다.

6. 스스로 붙인 가사를 직접 써서 글로 완성하자.

7. 반복해서 감상하며 가사를 충분히 수정한다.

모차르트는 "언어가 끝나는 지점에서 음악은 시작된다"라고 말했다. 생각 없이 읽으면 착각할 수 있는데, 이는 결코 음악이 언어보다 수준이 높다는 말이 아니다. 그의 말은 '음악이란 언어로 표현할 수 없으며 동시에 침묵할 수도 없는 것을 표현하는 것이다'로 해석할 수 있다. 눈에 보이고 귀에 들리지만 언어로는 쉽게 표현할 수 없는 것을 음악이라는 도구로 표현하는 셈이다. 결국 아이들은 클래식을 감상하며 음악의 본래 형태인 언어를 발견하게 된다. 그것이 바로 클래식 감상과 가사를 붙이는 과정이 아이 독서에 막대한 영향을 미치는 이유의 전부다. 내가 제시한 방법으로 3개월 정도 아이와 클래식을 나누면, 조금씩 의미 있는 변화를 체감할 수 있게 될 것이다.

한 줄을 읽어도
질문하고 사색하라

클래식을 통한 언어의 접촉과 멜로디를 글처럼 읽는 연습이 중
요한 이유는, 독서는 매일 새롭게 시작되어야 하는 지적 활동이
기 때문이다. 그날 읽은 글은 반드시 저녁 시간 이후에 깊은 사
색을 통해 농밀하게 압축해야 한다. 남이 완성한 것을 자신의
언어로 바꿔서 보관해야 한다는 말이다. 아이가 책을 읽으면 꼭
이런 질문을 통해 읽었던 내용을 마음에 담고 사색할 수 있게
하자.

"어떤 부분이 가장 재미있었어?"

"그렇게 생각한 이유는 뭐야?"

"엄마(아빠)가 읽으면 어떤 부분을 가장 흥미롭게 생각할 것 같아?"

"왜 그렇게 생각하니?"

이런 두 가지 방식의 질문을 통해 아이는 자신의 기호와 생각을 정립할 뿐 아니라, 가장 사랑하는 부모의 생각까지 하면서 타인의 생각을 이해하며 짐작하는 연습까지 할 수 있다. 꼭 무언가를 읽었다면 이렇게 질문으로 마음에 남기는 과정을 거쳐야 한다. 그 과정을 외면하는 것은 음식을 먹고 양치질을 미루는 일과 같다. 다음날까지 자신의 언어로 바뀌지 않고 읽었던 그대로 남아 있다면, 전날 하루는 우리 삶에 존재하지 않았던 날이라고 보면 된다. 달라진 것도 남는 것도 하나도 없으니까.

아이와 함께 읽어요

우리는 주변의 사건을 글을 읽듯 읽으며 일상에서도 독서를 할 수 있습니다.

독서는 하나에 숨어 있는 열 가지를 발견하는 행위입니다. 하나의 지식이 열 개의 다른 분야에서 왔음을 알 수 있다면, 우리의 독서는 더욱 풍성하게 바뀔 수 있지요. 하나를 열 가지로 나눌 수 있는 사람이, 다시 자신이 아는 열 가지를 하나로 모을 수도 있습니다.

일상의 작은 변화로
읽기 수준이 높아진다

같은 말을 들어도 듣는 사람의 생각이 서로 다르면 결국 다툼이 일어나게 된다. 한 마디 사소한 말이 커다란 분란을 만들기도 한다. 서로에게 전혀 좋을 게 없는 결론이다. 이보다 더 안타까운 사실은, 이런 부모의 '읽는 방식'을 보고 배우고 자란 아이 역시 비슷한 삶을 반복하게 된다는 것이다. 언어는 무엇보다 전파력이 강력하다.

세상에는 무엇을 봐도 가장 아름답게 바라보는 사람이 있다. 당신에게도 아마 주변에 그런 사람이 있을 것이다. 똑같이 불행한 일도 그에게는 멋진 일이 되고, 그는 계속 스스로 좋은 부분을 바라보니 현실도 점점 나아진다. 환경이 같아도 그 사람만 사는 수준이 나날이 높아지는 셈이다.

내가 독서를 말하며 이런 이야기를 전하는 이유는 세상과 사람을 바라보는 것 역시 읽기의 한 분야이며, 일상에서 읽는 훈련을 하면 실제로 책을 읽을 때도 좋은 마음으로 임할 수 있고 자연스럽게 안목을 키우는 데 도움이 되기 때문이다.

　근사한 독서는 '모든 입장을 다 이해하는 마음과 일상'에서 시작한다. 모든 것을 이해하고 포용하는 마음으로 바라보며, 나에게 좋은 부분만 마음에 담는 것이다. 하지만 그런 의식을 하지 않는 사람들은 가장 나쁜 것만 이해하게 되고 나쁜 것만 내면에 담게 된다. 나는 이 책을 읽는 당신이 악순환에서 벗어나 세상의 좋은 가치를 보려는 의지를 갖기를 소망한다. 자기 안에 굳이 쓰레기를 버릴 필요는 없지 않는가? 의지가 필요하다. 언제나 우리는 가장 나쁜 감정과 못된 마음을 먼저 발견하게 된다. 그것들은 악취가 심해서 굳이 찾지 않아도 내게 다가와 안기기 때문이다. 그러나 향기로운 것들은 꼭꼭 숨어 있어서 찾아야 발견할 수 있다. 여기에서 바로 사소한 일상에서 귀한 것을 찾아내는 삶의 가치가 시작되는 것이다.

일상에서 늘 좋은 것을 찾으려는 노력이
곧 아이의 읽기 수준을 높일 수 있는 방법이다.

읽을 때까지
다그치지 말고 기다려라

'아이들은 왜 책 읽는 것을 싫어할까?'

이 질문에 대한 솔직한 답은 바로 이것이다.

'책은 원래 읽기 힘든 것이다.'

이 사실을 먼저 인정해야 아이를 제대로 바라볼 수 있다. 책은 늘 우리에게 다른 것을 준다. 읽을 때마다 느낌이 다르고, 읽을 때마다 다른 문장에 눈이 간다. 눈이 가는 그 문장이 지금 내게 필요한 글이기 때문이다. 식탁에 앉으면 매일 다른 음식에 손이 가는 것처럼, 가끔 전혀 좋아하지 않았던 메뉴가 끌리는 것처럼, 몸이 원하는 음식이 있듯 영혼이 원하는 글도 있는 법이다.

진심으로 원해서 읽는 문장과 책은 영원히 잊히지 않고 그 영혼을 아름답고 따스하게 지켜주는 문지기 역할을 한다. 그런 과정을 이해하면서 아이에게 다가가야 화내거나 분노하지 않고 독서 교육을 할 수 있게 된다. 아이를 억지로 교육한 모든 것은 좋은 결과로 이어지기 힘들다. 내면이 약한 아이는 부모의 강압적인 태도에 겁을 먹어 무너지고, 반대로 주장이 강한 아이는 내면에 분노가 쌓여서 무너지기 때문이다.

억지로 시작한 모든 교육은 분한 마음만 남기고 사라진다. 그래서 늘 때를 기다리며 적당한 질문을 던지는 게 중요하다. 좋은 질문은 때를 앞당길 수 있고, 적절한 순간을 포착할 수 있게 해준다.

아이와 함께 읽어요

나는 사람과 사물의
가장 좋은 부분만 발견합니다.

나를 도와줄 친구도 내 안에 있고 나를 망칠 친구도 내 안에 있습니다. 내 눈앞에 있는 책도 마찬가지로 나를 도울 수도 있고, 반대로 나를 망치는 역할을 할 수도 있지요. 하지만 그 모든 것은 책이 아닌 내가 스스로 결정하는 것입니다. 내 수준이 높아지고 깊어지면, 책에 쓰여 있는 문장이 다가와 내 수준을 높여줍니다. 내가 읽고 느낀 모든 것은 현재 나의 수준을 증명합니다.

책 안의 지식을 모두
내 것으로 만드는 읽기 습관

세상에 존재하는 모든 조직을 '망하는 조직'과 '흥하는 조직'으로 구분
해서 보면, 망하는 조직은 자신이 갈 방향을 정하고 그 방향을 지지하
는 전문가를 초청하지만, 흥하는 조직은 먼저 최고 전문가를 초청한
후에 그들에게 어떤 방향으로 가야 좋은지 묻고 차분하게 청취한 후
에 다시 충분히 사색하며 길을 찾는다. 그래서 어떤 조직에 속한 전문
가의 말을 들으며 우리가 가장 먼저 관찰해야 할 부분은 그의 전문적
인 식견이 아니라, 먼저 그의 말이 어디에서 출발했는지를 파악하는
것이다. 어차피 그들의 의견은 조직의 이익이 향하는 방향으로 흐르
기 때문이다. 이걸 제대로 파악하고 있어야 그들이 자신의 이익을 위
해 어떻게 사실을 편집하며, 무엇을 애써 숨기고, 무엇을 굳이 드러나
게 하는지를 파악할 수 있다. 그런 과정에서 우리는 그들이 숨기는 진
실이라는 알맹이를 겨우 찾아낼 수 있다. 그 과정이 중요한 이유는 간

단하다.

'진실은 결코 아무에게나 자신을 허락하지 않는다.'

그래서 진실은 자신의 생각으로 최선을 다해 찾는 자에게만 보인다. 글을 읽는 것도 마찬가지다. 어떤 글을 읽기 전에 이미 결론을 정한 상태라면 글은 그에게 아무런 변화도 주지 못한다.

'글'이라는 전문가를

아이 삶에 멋지게 반영하기 위해서는,

결론을 내리지 않고 먼저

충분히 읽고 사색하는 시간이 필요하다.

최대한 결론은 아이가 스스로,

가장 마지막에 내리는 게 좋다.

그래서 우리는 아이들에게 이렇게 질문할 수 있어야 한다.

"너는 정말 제대로 세상을 읽고 있니?

그리고 한 단어, 한 문장을 정말 제대로 읽고 있니?"

덴마크 출신의 작가 안데르센의 『성냥팔이 소녀』는 안 읽어본 사람이 없을 정도로 유명한 동화책이다.

"그러나 과연 『성냥팔이 소녀』를 제대로 읽은 사람이 얼마나 될까?"

이제는 세상을 떠난 고 이어령 선생이 내게 던졌던 질문이다. 여러분은 평소에 이런 생각을 해본 적이 있는가?

"성냥팔이 소녀는 왜 얼어 죽었을까?"

나올 수 있는 답은 간단하다.

"바깥 날씨가 추워서요."

그럼 다시 이런 질문을 던질 수 있다.

"날이 춥고 사람들이 성냥을 사주지 않으면 집에 돌아가면 되잖아. 그런데 왜 집에 가지 않았던 걸까?"

그럼 또 이런 답이 나올 가능성이 높다.

"집이 없어서 못 갔던 게 아닐까요?"

이 질문은 그간 전혀 생각해본 적이 없다는 사실을 증명한다. 집이 없다고 말한다는 것은, 소녀가 노숙자 신세였다는 것을 의미하기 때문이다. 그건 앞뒤가 맞지 않는 비이성적인 추론이다. 책에 분명히 힌트가 있다. 바로 이 부분이다.

"성냥을 다 팔지 못하고 집에 돌아가면 아빠가 때려요."

소녀는 알코올 중독자인 아버지에게 학대를 당하고 있었기 때문에 성냥을 다 팔지 못하면 집에 들어갈 수 없다고 생각한 것이고, 결국 거리에서 얼어 죽게 된 것이다. 『성냥팔이 소녀』를 읽으면 저절로 알게 되는 내용이다. 책의 제목과 표지 이미지, 주변의 이야기만 듣고 이미 결론을 내린 채 읽었기 때문에 이 사실을 발견하지 못했던 것이다. 마음속에서 성급하게 내린 결론은 사실을 보려는 눈을 자꾸만 가린다. 여기에 가장 중요한 사실이 한 가지 더 있다.

"그럼 소녀의 어머니는 왜 아버지의 폭력을 막지 않았던 거지?"

이 질문 역시 '사실을 보지 않고 읽었다'는 증거일 뿐이다. 이미 책에 어머니는 세상을 떠났다고 나와 있으며, 내용 속에 나오는 '소녀는 지나가는 마차를 비키려다 그만 넘어지고 말았습니다. 그 사이 엄마에게 물려받은 소중한 신발을 어느 사내아이가 들고 달아났죠.'라는 부분에서도 충분히 추론할 수 있다. 어머니가 남겨준 신발이라 소녀의 발에 커서 쉽게 벗겨졌던 것이다. 그리고 이 부분에서는 동시에 다른 추론도 가능하다.

"아, 소녀가 곧 얼어서 죽겠구나!"

이 겨울에 신발마저 사라진 이 에피소드가 나왔다는 것은 작가가 소녀를 얼려서 죽이기로 결심했다는 것이기 때문이다. 이렇게 동화 하나에서도 숨은 이야기는 끝이 없다. 내가 아이들에게 굳이 많은 책을 읽을 필요가 없다고 강조하는 이유도 여기에 있다.

눈을 가리고 결론을 내린 상태에서 읽는 백 권의 책보다
모든 가능성을 허락한 상태에서
한 권의 책을 백 번 읽는 것이
아이에게 더욱 유익한 지식과 창조력을 준다.

그런 아이는 혼자 책을 읽으며 성냥과 거기에 얽힌 문화를 당시 시대상과 산업의 발전까지 연결해서 논할 수도 있다. 앉아서 시공을

초월해 흡수할 수 있는 모든 정보와 지식을 내면에 담을 수 있다. 자신의 눈을 뜨고 제대로 읽을 줄 아는 아이는 나이와 상관없이 문장 한 줄, 책 한 권만 읽어도 아무도 발견하지 못한 지식과 정보를 얻게 된다.

문장 한 줄, 책 한 권을 꾸준히 읽는
습관의 중요성

좋은 책의 기준은 무엇일까? 중간에 포기하지 않고 밤새워 읽게 만드는 게 좋은 책일까? 그렇게 생각할 수도 있다. 좋은 책은 우리를 밤새우게 만든다. 하지만 중간중간 책을 덮게 만들지 않는다면, 그건 좋은 책이라 말하기 힘들다.

읽고 사색하고, 사색이 끝나면 또 읽고,
이걸 반복하기 위해서는 반드시
읽다가 중간에 책을 덮고 멈춰야 한다.
그래야 자신이 읽은 내용을
사색할 수 있기 때문이다.

사색하지 않고 읽기만 하면 마지막 장에 도달해도 머릿속에 남는 게 없다. 어떤 일을 잘 이해하고 해내려면 몸과 마음으로 반복해서 익혀야 한다.

그런데 왜 자꾸만 권수에 집착하는가?
왜 한 권의 책을 백 번 읽지 않고,
백 권의 책을 한 번 읽기에만 집착하는가?

100개의 직업에 대한 소개를 들었다고 해서 우리가 100개의 직업을 가진 사람이 되지 않는 것처럼, 권수에만 집착하면 아무것도 남기지 못하게 된다. 쉽게 이해할 수 없는 글도 백 번 반복해서 읽으면 누구나 결국 자연스럽게 이해할 수 있다. 그 이해의 시간을 기다리는 것이 바로 독서하는 사람의 마음이어야 한다.

아이와 함께 읽어요

눈으로만 읽는 것은 중요하지 않아요.
한 줄의 문장, 한 권의 책을 백 번 읽어서
얻는 가치가 무엇인지 나는 알고 있습니다.

큰 나무를 베려면 크고 예리한 도끼가 필요합니다. 이를 독서에
비유하면, '책 한 권을 제대로 이해하려면 만 번 정도는 읽어야
비로소 의미를 깨닫고 나의 것으로 만들 수 있다'라고 말할 수
있죠. 그러나 많은 사람이 작고 무딘 도끼로 겨우 나무껍질만
벗긴 후에 그 나무를 모두 알게 되었다며 돌아섭니다. 대충 훑
어보고 책을 덮고는 "나는 이 책을 안다"라고 말하는 것입니다.
하지만 나는 어려움을 견뎌내야 글의 참뜻을 이해할 수 있다는
사실을 알고 있습니다.

지적 탐구심을 기르는
11가지 생각 연습

앉아서 시공을 초월하는 지적 여행자가 되는 방법에 대해서 앞에서 언급했지만, 아이가 그런 일상을 보내게 하려면 '생각하는 습관'을 바꿔주면 더욱 효과적이다. 세상에 존재하는 지식과 정보는 이제 모두의 것이다. 그러나 부와 명예가 손을 미치지 않는 유일한 장소가 있으니 바로 지식과 정보의 창고다. 그런 점에서 모두가 바라보고 있지만, 발견하지 못한 무언가를 찾는 힘은 세상에 존재하는 모든 불평등을 이겨낼 스스로의 재능이라고 말할 수도 있다. 지금도 누군가는 세상이 진흙탕이라며 비난하지만, 그 안에서 진주를 발견하는 사람이 어딘가에 있다.

그러나 많은 아이들이 생각한 것을 정확하게 표현하는 과정에 초점을 맞추지 않고, 쉽고 빠르게만 전달하려고 하기 때문에 책을 아무리 읽고 공부를 해도 점점 지적 수준이 떨어진다. 이런 지루한 일상에서 벗어나 무언가를 찾아내는 일상을 보내려면 다음에 제시하는 열한 가지 생각 연습이 필요하다.

1. 성급하게 입을 열지 말고 충분히 생각하자. 내가 가장 먼저 답하지 않아도 괜찮다는 사실을 잊지 말자.

2. 관심을 끄는 것도 좋지만, 그 정도가 너무 심각해지면 자신에게 좋지 않다. 상대에게 흥미와 재미만 주겠다는 생각을 버리자.

3. 빨리 읽는 것은 하나도 중요하지 않다. 온라인에서 글을 읽을 때 빠르게 보려는 마음을 버리자.

4. 모든 글을 읽을 때 의식적으로 스크롤을 최대한 천천히 내리며 감상하듯 읽는 습관을 들이자.

5. 필요한 자료를 찾을 때 영상보다는 글 위주로 검색하자. 글을 먼저 찾고 영상은 마지막에 정리하는 식으로 시청하는 게 좋다.

6. 누구나 멋진 답을 갖고 있다. 단, 충분히 생각해야 그 답이 자신을 드러낸다. 더 좋은 답은 더 생각해야 나온다는 사실을 기억하자.

7. 나만 혼자 다르게 생각하는 것을 두려워하지 말자. 나만 다른 게 아니라, 나라서 특별한 거라고 생각하자.

8. 세상에 정답은 없다. '나의 생각'이 곧 '가장 멋진 답'이라는 사실만 기억하자. 답은 세상이 아니라, 내 안에 있는 것이다.

9. 중요한 것을 말할 때는 자신이 말하려는 내용을 마음속으로 최소한 세 번 이상 반복해서 발음하고 충분히 생각한 후에 하자.

10. 책에나 학교에서 배운 지식이 아닌, 내 눈에 보이는 사실 그대로를 당당하게 표현하는 습관을 들여야 한다.

11. 결과는 열심히 해온 과정이 주는 선물일 뿐이다. 언제나 결과가 아닌 과정 그 자체를 목적으로 삼아야 아름답다.

위 내용을 아이와 함께 필사하고 낭독해보자. 읽는 것에만 그치지 말고, 반드시 일상에서 실천해야 하는 습관들이기 때문이다.

숨어 있는 지식을 찾아내는
독서 노트 활용법

독서는 예술 작품을 감상하는 것과 같다. 여기에서 우리는 이런 질문을 던질 필요가 있다.

"뛰어난 글과 다양한 예술 작품을 아무리 많이 감상하고 읽어도 아름다움을 느끼지 못하는 이유가 뭘까?"

답은 간단하다. 늘 결과만 바라보기 때문이다. 눈앞에 있는 글만 읽을 수 있을 뿐, 그 글이 어디에서 시작해서 무슨 과정을 거쳐서 완성이 되었는지 몰라서 아름다움을 느끼지 못하는 것이다. 어떤 글에서 가르침을 얻고자 한다면, 작가가 그 글을 쓰기 시작했을 때의 마음과 써나간 과정에 대해서도 관심을 갖고 살펴야 한다.

"이 글을 쓸 때 작가의 마음이 어땠을까?"

"이런 글을 쓰려면 어떤 경험을 해야 할까?"

"만약 네가 쓴다면 어떤 식으로 쓸 것 같니?"

이런 식으로 질문하며 아이의 생각을 자극하면 좋은 효과를 기대할 수 있다. 이렇게 세 가지 질문으로 독서 노트를 만들면 아이의 의식 수준의 변화를 측정할 수 있어 좋으니 실제로 적용해보기를 추천한다.

아이와 함께 읽어요

이 세상 어딘가에는
내가 아직 찾지 못한 가치가 숨어 있어요.

자연을 아무리 관찰해도 자연이 돌아가는 이치를 모르는 사람
은 그 가치를 느끼지 못합니다. 음식도 마찬가지로, 요리가 만
들어지는 이치를 모르는 자는 그 맛을 제대로 즐길 수가 없죠.
자신이 지금 무엇을 하고 있는지 모르는 사람은 아무리 길을
걸어도 어디로 가고 있는지 알지 못하며, 아무리 책을 읽어도
무엇을 위해 읽는지 알 수 없습니다.

지혜로운 독서는 돕고 싶은 마음에서 시작한다

함께 생각해보자. 만약 내가 지금 여러분 앞에서 '처음 방문하는 미용실에 가면 늘 원하는 헤어스타일이 나오지 않는다'라는 주제로 이야기를 전했다면 여러분은 어떤 생각을 할 것 같은가? "맞아, 나도 그랬어"라는 맞장구를 치며 같은 감정을 느낀 순간의 기억을 들려줄 것인가? 아마 그런 식의 반응일 가능성이 높다. 처음 방문하는 미용실에서 많은 사람이 경험한 일이기 때문이다. 하지만 지혜로운 독서를 통해서 자신을 발전시키는 사람들의 반응은 전혀 다르며, 그들의 시선은 다른 곳을 바라보고 있다.

자녀교육 강연을 앞두고 낯선 지역의 미용실을 방문했을 때 겪은 일이다. 자꾸 내 주문과는 완전히 다른 헤어스타일을 만들어주시며 나에게 "마음에 드시죠?"라고 재차 물어보시는 미용실 직원분을 보며, 나는 문득 이런 생각을 했다.

'미용실에서는 늘 내게 원하는 스타일을 말하라고 하지만, 왜 결과는 내가 원했던 스타일과 전혀 다른 걸까? 이럴 거면 반대로 자신이 할 수 있는 스타일을 보여주고 내게 선택하라고 하는 게 낫지 않을까? 해낼 능력이 없으면서 시도하니, 자꾸만 손님에게 피해를 주는 게 아닐까?'

그리고 더 나아가, 독서로 시선을 돌려 생각 변주를 해보았다.

'우리는 왜 아이들 독서 교육에 늘 실패를 거듭할까?
아이들 능력은 생각하지 않았던 것은 아닐까?
아이들이 읽을 수 있는 책이 아닌,
읽으면 좋을 것 같은 책만 준 건 아닐까?
부모가 원하는 책이 아닌
지금 아이가 원하는 단어, 문장, 책을 찾아보자.'

그렇게 나는 미용실에서의 경험을 통해 '아이들에게 부모가 원하는 책이 아닌 지금 아이가 읽을 수 있는 책을 권하라'는 독서법을 제안할 수 있게 되었다. 이야기는 여기에서 끝나지 않는다. 하루는 강연장에서 그 이야기를 다국적 기업의 인사 담당 사장에게 들려줬더니, 그는 바로 고개를 떨구며 내게 이렇게 말했다.

"작가님 말씀을 듣고 나니 반성이 됩니다. 그간 제가 직원들의 역량은 생각하지 않고, 내가 원하는 것만 강요했네요."

그는 내가 미용실에서의 경험을 바꿔 만든 독서법 제안 내용을 듣고, 바로 이렇게 자신의 리더십으로 바꿔서 생각한 것이다. 그 생각의 궤적을 간단하게 나열하면 이렇다.

'처음 방문한 미용실에서는 미용사의 실력을 알 수 없다.
그들이 할 수 없는 것을 요구하게 될 때,
원하는 스타일이 제대로 나오지 않을 가능성이 커진다.
마찬가지로 나는 직장에서 직원들의 능력을
제대로 측정하지 않았다.
내게 필요한 일만 주문했으니,
그들에게는 벅찬 일이었을 것이다.
결국 모든 실패는 직원들의 면면을 제대로 파악하지 않고
내 이기심만 채운 결과였다.'

그는 순식간에 나의 평범한 일상의 경험을 자신의 일로 바꿔 해석한 것이다. 한마디로 '읽는 능력이 남들과 다른 차원에 도달해 있다'라고 말할 수 있다. 앞선 사례처럼 모든 사소한 일에서 깨달음을 얻고 그것을 삶에 활용하려면 글을 대하는 태도를 이렇게 바꾸는 게 좋다.

어려움을 겪는 사람들에게 도움을 주고 싶다.
세상에 도움을 주고 싶은 마음으로

　도움을 주려는 마음은 사랑에서 시작하고, 사랑은 사람을 멈추지 않게 만든다. 결국 앞서 소개한 다국적 기업의 사장과 나도 '제대로 평가를 받지 못하는 직원'과 '아이에게 제대로 독서 교육을 시키고 싶은 부모'를 진정으로 돕고 싶은 마음이 있었기에 남다른 깨달음을 얻을 수 있었던 것이다. 진심으로 세상에 도움을 주고 싶은 마음을 가진 사람들은 무엇을 보고 느끼든 그 마음을 작동시키게 된다. 아이도 부모도 행복한 독서 교육을 실천하고 싶다면 '아이를 어떻게 도와주어야 할지, 아이가 원하는 것은 무엇인지'에 대해 항상 생각하길 바란다.

세상에서 가장 멋진
독서의 이유를 만들어주자

독서를 싫어하는 사람을 읽게 만드는 것도 참 어려운 일이지만, 그보다 더 어려운 일이 하나 있다. 바로 독서를 좋아하는 사람을 읽지 못하게 만드는 일이다. 독서를 싫어하는 사람에게는 무언가 이득을 주면 조금이라도 읽게 만들 수 있지만, 독서를 좋아하는 사람에게는 어떤 이득도 통하지 않는다. 그들은 독서보다 귀한 것이 없다고 생각하기 때문이다. 아이가 일상에서 자주 이런 질문을 자신에게 던지도록 도와주자.

'나는 왜 독서를 하는가?'
'독서가 내게 어떤 영향을 주는가?'
'독서를 통해 누구에게 희망을 줄 수 있을까?'

이 질문에 매일 답하다 보면 '도움을 주는 독서'를 시작할 수 있
기 때문에 독서를 저절로 좋아하게 되며, 어떤 이득을 줘도 포
기하지 않고 즐기게 된다.

아이와 함께 읽어요

좋은 목적이
좋은 독서를 만듭니다.

독서로 실력을 쌓으려면, 먼저 그 책을 읽기 시작한 목적이 있어야 하고, 나중에는 읽어서 얻은 깨달음이 있어야 합니다. 그렇게 시작과 끝을 하나로 연결할 수 있어야 비로소 하나를 제대로 읽었다고 볼 수 있죠. 스스로 시작하지 않으면 그 끝도 나의 것이 아닙니다. 스스로 시작한 사람만이 하나를 가질 수 있죠. 하나 다음은 둘이고, 둘 다음은 셋입니다. 그렇게 하나씩 연결하며 우리는 실력을 쌓을 수 있습니다.

STEP 3
질문하며 읽기

읽은 것이
전부 뇌에 새겨지는
말하기 독서법

지적 호기심은
독서로 연결된다

"교수님처럼 위대한 과학자가 되려면 어떻게 해야 하나요?"

인류를 대표하는 과학자 아인슈타인의 강의를 듣던 한 학생의 질문이다. 그가 질문하자 곁에 있던 다른 학생들도 아인슈타인의 답을 기다리는 눈빛이었다. 간절하게 자신의 답을 갈구하는 학생들의 마음을 파악한 그는 이내 이런 답을 내놨다.

"최대한 입은 적게 움직이고, 대신에 머리를 많이 움직여야 한다네."

그가 말하고자 하던 것을 한 단어로 압축하면 뭘까? 바로 '지성'이다. 아인슈타인은 지성인이란 말로만 지식을 전하는 사람이 아니라, 아는 것을 증명하기 위해서 끊임없이 머리를 움직이는 사람이라는 사실을 전하고 싶었던 거다. 그 의미를 깨달은 학생은 멋진 과학자가 되었을 거고, 제대로 파악하지 못한 학생은 원하는 것을 이루지 못했을 가능성이 높다. 결국 우리가 어떤 문제를 가슴에 품고 있든 그걸 해결할 답은 세상에 널려 있다. 다만 그 의미를 제대로 볼 줄 아는 사람이 있는 반면, 글자 그대로의 의미 이외에는 볼 수 없는 사람이 있을 뿐이다.

무엇이 차이를 만드는 걸까? 중요한 건 질문이다. 그래서 나는 시대를 대표하는 지성인이나 배우고 싶은 분야의 대가를 만났을 때, 다음 세 가지를 반드시 먼저 묻는다. 중요한 내용이니 아이와 함께 읽고 필사하는 걸 추천한다.

1. 방향 : "무슨 책을 주로 읽으시나요?"
2. 목적 : "그 책을 선택하신 이유가 무엇인가요?"
3. 관점 : "무엇을 얻기 위해서 책을 읽으시나요?"

이렇게 독서를 중심에 두고 던진 세 가지 질문을 통해, 그가 책을 읽는 방향과 목적 그리고 관점까지 모두 알게 된다. 이것이 중요한 이유는 그 세 가지에 한 사람이 지금까지 어렵게 쌓은 모든 경쟁력이 녹아 있기 때문이다. 아인슈타인도 마찬가지로, 원자와 우주라는 거대한 미지 세계에 호기심을 가지고 끊임없이 "시간이란 무엇인가?" "중력은 어떻게 생겼는가?" "빛보다 빠른 물질은 존재하는가?"와 같은 세 가지 질문을 던졌다.

'지성'과 '의지'는 다른 것이 아니다. 같은 것이라고 볼 수 있는 이유는 지성은 그것을 가지고 싶다는 강렬한 의지를 가진 자만 쥘 수 있는 빛이기 때문이다. 타인을 설득하기 위해서는 지성이 아닌 실제적 이익에 호소해야 하지만, 흔들리는 자신을 붙잡기 위해서는 지성에 호소해야 한다. 아인슈타인이 강조한 것처럼, 위대한 정신을 가진 사람은 항상 평범한 사람의 격렬한 반발에 부딪힌다. 관습적 편견에 맹목적으로 굴복하기를 거부하고 용감하고 정직하게 자신의 의견을 밝히는 사람을 평범한 사람들은 쉽게 이해하지 못하기 때문이다. 그는 일단 호기심을 느끼면 그 분야에 대한 책을 선택해서 읽었다. 책을 읽으며 자신에게 이런 이야기를 들려줬다.

"사물과 사건의 본질을 보라. 본질을 보면 세상 모든 것들이 보다 잘 이해될 것이다."

더 알고 싶다는 호기심을 독서와 연결해 깊이 사색한 것이다. 이를 통해 그는 하나의 지식으로 다른 분야의 지식을 짐작하고 탐구할 수 있는 능력을 갖게 되었다. 그리고 마지막으로 여러 권의 비슷한 책을 읽고 필요한 부분만 발췌한 후 핵심만 간추려서 정리할 수 있는 수준에 도달했다. 질문이 그의 삶과 지성에 막대한 영향을 미친 것이다.

보다 더 지적인 독서를 위한
질문 독서법

성장하는 독서를 통해 지적인 아이로 키우려면 반드시 질문이
필요하다. 다음에 제시하는 일곱 가지 질문을 아이와 함께 필사
하고, 다양한 방식으로 바꾸며 활용해보자.

1. 관찰의 질문

"여기에 뭐가 있을까?"

"이 글은 어떤 마음에서 나온 걸까?"

2. 몰입의 질문

"이 결과에 대해서 어떻게 생각하니?"

"얼마나 많은 노력이 필요했을까?"

3. 창조의 질문

"이 일의 시작은 어땠을까?"

"어떤 생각이 그 사람을 움직인 걸까?"

4. 짐작의 질문

"어떤 목적으로 이렇게 만든 거라고 생각해?"

"그 사람 마음은 지금 어떨까?"

5. 변주의 질문

"너라면 어떻게 만들었을 것 같아?"

"이 글을 다른 방식으로 해석하면 어떨까?"

6. 가능성의 질문

"우리도 한번 만들어볼 수 있지 않을까?"

"어떤 방식으로 접근해야 할 수 있을까?"

7. 통섭의 질문

"어떻게 하면 가장 근사한 모습이 될까?"

"이것과 저것을 합칠 수 있을까?"

질문할 수 있다면
우리는 원하는 것을 가질 수 있습니다.

독서를 통해 우리는 지성의 바다에 빠진 온갖 보석을 만날 수 있습니다. 다만 하나의 질문을 품고 읽어야 보석의 위치를 파악할 수 있지요. "자연은 왜 아름다운가?"와 같은 커다란 질문부터, "아침에 일찍 일어나려면 어떻게 해야 하지?"라는 일상의 질문까지 질문의 크기는 상관이 없습니다. 책은 자신에게 질문하는 자에게 반드시 가장 값진 것을 꺼내 안겨주니까요. 뭐든 묻기로 해요. 그럼 뭐든 얻게 될 테니까요.

평가의 언어를
배움의 언어로 바꿔라

일상에 존재하는 언어를 두 가지로 나누면 하나는 '평가의 언어', 또 하나는 '배움의 언어'로 구분할 수 있다. 아이들이 책을 읽으며 새로운 사실을 인지하지 못하거나 영감을 느끼지 못하는 가장 큰 이유는 평가의 언어에 매몰된 상태이기 때문일 가능성이 매우 높다. 평가라는 것이 어떤 의미에서는 좋은 표현일 수도 있지만, 독서와 글쓰기 등의 지적 도구의 측면에서 부정적인 역할을 하는 이유는 배우려는 의지를 자꾸만 억제하며 상대의 현재와 미래를 재단하고 측정만 하게 만들기 때문이다. 때문에 독서를 하기 전에 아이가 사용하는 모든 언어를 평가의 언어에서 배움의 언어로 이동시키는 과정을 거쳐야 한다.

예를 들어서 '하나를 보면 열을 안다'라는 말이 있다. 의식하지 않고 사용하면 느낌이 별로 없지만, 이 말은 대표적인 평가의 언어라서, 나는 이렇게 배움의 언어로 바꿔서 삶에 적용한다.

'하나를 보며 열을 기대한다.'

상대를 평가하는 방식이 아닌

배움의 시선으로 바라보면,

그게 무엇이든 배움의 언어로 바꿀 수 있다.

'어떻게 하면 이 순간에서 무언가를 배울 수 있을까?'라는

시선으로 바라보면,

세상에 배울 수 없는 상황이나 사람은 없다.

하루는 한 프랜차이즈 매장에 가서 자주 마시는 음료를 주문했다. 그 음료의 특징이 비닐로 포장한 상단 부분을 빨대를 꽂아 마시는 거라서 가끔 혼자서 하다가 실패하곤 했는데, 한 매장에서 음료를 준비하면서 이런 질문을 하는 직원을 만난 것이다.

"제가 빨대를 꽂아 드릴까요?"

사람이 없어서 일이 없는 매장도 아니었고, 같은 음료를 다른 매장에서 백 번도 넘게 즐겼지만, 처음 받는 서비스라서 바로 이런 깨달음을 얻을 수 있었다.

'처음부터 사람이 많은 매장은 없다. 손님을 생각하는 작은 마음이 하나하나 모여 사람의 마음을 이끄는 것이다.'

표정까지 환한 그를 보며 나는 음료에 대한 대가로 낸 돈의 100배 이상의 가치가 있는 깨달음을 얻었다. 물론 빨대를 대신 꽂아주는 행위를 싫어하는 손님도 있을 것이다. 그래서 중요한 건, 그가 그런 손님

의 성향까지 배려하기 위해 질문에 섬세한 마음까지 담아서 전했다는 사실이다. 그렇게 일상의 작은 에피소드 하나로, 세상은 그렇게 작은 배려와 근사한 웃음으로 점점 아름다워진다는 사실을 깨달았다.

이런 사례 하나하나가 중요한 이유는, 일상의 순간을 마치 책의 한 페이지처럼 읽고 무언가를 배울 수 있어서, 이런 훈련을 통해 익숙해진 배움의 언어를 발견하는 시선을 실제 독서를 하며 가동할 수 있기 때문이다. 이를 통해 아이들은 일상과 책을 연결해서 배울 것을 발견하는 동시에 실천할 방법까지도 구상할 수 있게 된다. 책을 읽거나 혹은 읽지 않을 때나, 24시간 내내 책을 읽으며 지성을 쌓는 효과를 낼 수 있는 셈이다.

아이만의 특별한 콘텐츠를
창조하는 언어 훈련

창조성을 강조하는 대표적인 표현 중 하나로, "얼음이 녹으면 어떻게 되지?"라는 질문에 "얼음이 녹으면 봄이 옵니다"라고 답한 어느 초등학생의 대답을 예로 들고 싶다. 독서를 통해 우리는 '나만의 특별한 콘텐츠를 창조'하는 사람이 되어야 한다. 이런 질문과 대화를 스스로에게, 혹은 아이에게 건네보는 것이다.

"봄을 알리는 게 또 뭐가 있지?
'개나리'가 피면 '봄'이 왔다는 것을 알 수 있지.
하지만 중요한 사실은 봄을 표현하는 것이

개나리가 전부는 아니라는 거야.

같은 맛도 다르게 표현할 수 있는 것처럼

봄을 알리는 다른 것을 얼마든지 찾아낼 수 있어."

이런 방식의 훈련과 질문을 통해 자연스럽게 아이에게 '창조의 언어'가 무엇을 의미하며 또 그런 언어를 구사하려면 어떻게 해야 하는지 알려줄 수 있다. 마치 책을 읽듯 주변을 둘러보면 다른 꽃을 발견할 수도 있고, 다른 종류의 생명체와 물건도 봄을 상징할 수 있다는 사실을 알 수 있다. 늘 하나가 모든 것이라고 생각하지 말고 다르게 표현할 수 있는 것을 찾아보자. 그런 일상을 통해 자연스럽게 주변 상황을 읽는 능력도 갖게 된다.

아이와 함께 읽어요

배우겠다고 생각하면 누구에게든
무언가를 얻을 수 있습니다.

자신이 모른다는 사실을 모르는 사람은 모르기 때문에 무엇도 질문할 수 없고, 어설프게 아는 사람은 자신의 지식이 혹시 틀릴까봐 걱정이 되는 마음에 질문할 수 없습니다. 오직 자신이 모른다는 사실을 아는 사람만이 당당하게 질문할 수 있죠. 독서의 기본은 질문입니다. '나는 모른다'라는 생각으로 시작해야 그 기본을 가장 충실하게 해낼 수 있습니다.

생각의 자유를 찾아
자꾸 질문하게 하라

하루는 한 기자가 고 이어령 선생의 부인 강인숙 여사에게 "이어령 선생님과의 삶이 참 행복하시죠?"라고 물은 적이 있다. 그러자 그녀는 밝게 웃으며 "아이고, 이 선생님 폭발력이 너무 강해서"라고 답했고, 기자는 다시 이렇게 맞받았다.

"그런 분이 뒤도 없고 자상하고 좋지요."

그때 곁에서 대화를 듣고 있던 이어령 선생이 이의를 제기했다.

"요즘에는 그것도 없어. 그게 불행이지. 화산 폭발은 일본 같은 신생대에서 일어나지, 한국 같은 고생대에서는 잘 안 일어나. 우린 고생대라고."

일상적인 대화 도중에서 순식간에 일어난 과학과 부부관계, 그리고 그것들에서 추출한 것을 사람의 성향에 연결하는 능력이 참 자연스럽다. 그의 설명을 듣고 나면 더 반박하거나 추가로 요구할 것이 떠

오르지 않는다. 충분히 이해했기 때문이다. 사실 이어령 선생의 설명 중에서 우리가 모르는 지식은 별로 없다. 그는 특별히 더 많은 것을 아는 것이 아니다. 다만 특별히 더 다르게 바라보며, 그것들을 순식간에 하나로 엮어 설명한다. 그 중심에 바로 '생각의 자유'가 있다. 자유롭게 생각하며 여기에서 저기로 순식간에 분야를 넘나드는 지성의 민첩성이 그에게 다른 사람에게는 없는 '세상을 읽는 능력'을 선물한 것이다. 내 아이에게 그런 능력을 갖게 하려면 어떻게 해야 할까? 나는 그런 사람을 키우는 교실을 방문했던 적이 있다. 애석하게도 한국의 교실은 아니었다. 세계의 교육을 연구하기 위해 떠난 유럽의 한 교실에서, 아이들에게 이런 흥미로운 이야기를 하는 선생님을 본 적이 있다.

"도시락은 언제든 꺼내 먹어도 괜찮아."

물론 교실이 아닌 따로 정해진 장소에서 먹어야 한다는 단서는 있었지만, 한국에서 정해진 시각에만 동시에 꺼내 도시락을 먹었던 경험이 있는 내게는 매우 특별한 경험이었다. 요즘에는 급식이 있어 피부에 직접 맞닿는 이야기는 아니겠지만, '도시락'이라는 키워드를 얼마든지 다른 키워드와 바꿔도 그 의미는 통한다. 우리가 여기에서 빌건해야 할 중요한 지점은, 이 세상이 '굳이 지키지 않아도 될 온갖 규칙과 규정을 만들어서 아이들을 억압하고 있다'라는 사실이다. 12시 정각이 되어야만 도시락을 꺼낼 수 있다는 규칙을 만들면, 다른 시각에 도시락을 꺼낸 아이들은 규칙을 어기는 것이 되기 때문이다.

12시라는 시각과 동시에 움직여야 한다는 그 사실이, 아이의 자유까지 통제할 정도로 그렇게 중요한 걸까? 물론 수많은 아이들을 통제하기 위해서는 어쩔 수 없는 부분도 있을 것이다. 하지만 나는 지금 그런 상태를 말하는 것이 아니라, 이런 방식의 질문을 자신에게 자주 허락하는 것이 가치 있다는 사실을 말하고 싶은 것이다. 우리는 세상이 규칙으로 만든 것들과 당연하다고 규정한 것들에 자꾸만 질문해야 한다. 그게 틀려서 그런 게 아니라, 거기에서 생각의 자유를 발견하기 위해서다.

생각의 자유를 일상에서 즐기려면 하루를 대하는 태도를 먼저 바꾸는 게 좋다. 이런 인식의 전환을 제안한다. 보통은 스트레스를 먹는 것과 마시는 걸로 푼다. 그러나 그런 루틴에서 벗어나 스트레스를 '독서'와 '사색'으로 해결하면 어떨까? 자, 이것 좀 보라. 벌써 표현이 달라졌다는 것이 느껴지는가? 먹는 것과 마시는 것은 '푼다'로, '독서'와 '사색'은 '해결한다'로 표현하게 된다. 이유는 간단하다. 전자로는 그저 잠시 고통을 유보할 뿐, 스트레스 자체를 해결할 수 없기 때문이다. 생각의 자유를 누가 주는 것이 아니라, 스스로 자신에게 허락하면 그 순간부터 가질 수 있는 것이다.

할 수 없다고 생각하며 오래된 자신에게 머물지 말고,
할 수 있다고 생각하며 새로운 자신을 만나보라.

딱 1분만 집중해서
읽게 하라

아이가 1분만 집중할 수 있다면, "왜 더 집중하지 못하냐?"라고 묻거나 더 오래 집중할 것을 억지로 강요하지 말고, 1분 동안 읽을 수 있는 책이나 글을 읽게 하면 된다. 방법을 찾으면 되는데, 우리는 자꾸만 분노가 시키는 일만 서둘러 수행하려고 한다. 강요는 아이에게 주입으로 느껴지게 된다. 그렇게 독서가 배워야 할 하나의 과목이 되는 것이다. 독서가 공부해야 할 과목이 되지 않도록, 강요하지 말고 지금 읽을 수 있을 만큼의 책을 반복해서 읽자. 1분이든 5분이든 집중할 수 있는 시간에 맞는 글을 골라 읽게 하자. 굳이 한 권의 책을 통째로 다 읽지 않아도 괜찮다. 『난중일기』와 같은 형식의 책을 매일 아무 페이지나 펼쳐서 수많은 날들 중 딱 하루의 일기만 읽고 책을 덮어도 괜찮다. 그건 1분이면 할 수 있는 일이니까. 아이는 그렇게 1분을 가장 보람 있게 보내게 된다. 그 경험이 독서를 대하는 아이의 마음을 더욱 편안하게 만들 것이다.

독서의 세계에서는 시간의 길이가 중요하지 않다. 1분을 읽어도 그 안에서 자신의 생각을 발견했다면, 책 한 권을 다 읽고도 어떤 영감도 발견하지 못한 사람보다 훨씬 높은 수준의 독서를 한 것이기 때문이다. 먼저 시간을 보라. 그리고 읽을 책을 선택하자. 지금 집중할 수 있는 시간 동안 읽을 수 있는 글을 읽게 하면, 그 반복이 결국에는 아이가 집중할 수 있는 시간을 길게 만들고, 하나를 깊게 파고들어 이해력도 깊어진다.

아이와 함께 읽어요

나는 무엇이든 생각할 수 있고,
또 질문할 수 있습니다.

뭐든 문제를 해결하기 위해 끝까지 생각을 멈추지 않는 사람은 위대합니다. 또한, 혼자서 무언가를 해내기 위해 분투하는 사람은 특별하죠. 하지만 가장 근사한 사람은 혼자서 무언가를 해내기 위해 끝까지 생각을 멈추지 않는 사람입니다. 그들은 주변 상황이 어떻게 변하든 상관없이 자신이 원하는 것을 얻을 수 있으니까요.

'읽는 아이'를 만드는
율곡의 독서 교육

율곡 이이는 『격몽요결』을 통해 독서를 시작하는 모든 아이들에게 도움이 되는 귀한 메시지를 남겼다. 그 핵심에는 이런 생각이 녹아 있다. 그의 목소리를 빌어 표현하자면 이렇게 말할 수 있다.

"아이들이 독서를 해야 한다는 사실을 알고 있으면서도 앞으로 나아가 이루지 못하는 까닭은, 오래된 습관이 가로막아 방해하기 때문이다. 내가 오랫동안 연구한 결과에 따르면 그런 습관을 다음 여덟 가지로 구분해 나눌 수 있는데 무엇이 있는가를 하나하나 적어본다. 다만 시작이 매우 중요하다. 책을 읽겠다는 뜻을 선명하게 하여 못된 습관을 과감하게 끊어버리지 않는다면, 끝끝내 독서의 뜻을 이루지 못한다는 사실을 명심하자."

그가 남긴 조언을 요즘 아이들이 읽기에 적합하게 여덟 가지 질문으로 변주하여 편집하여 썼으니, 필사를 하면서 동시에 낭독을 함께 진행하면 이해가 더 빠를 것이다.

1. 나는 나의 마음을 다스릴 수 있는가?

게으른 태도로 몸가짐을 단정하게 하지 않는 일상은 책을 읽지 못하게 만든다. 편안한 것만 생각하며 자신의 마음을 다스리지 못하기 때문이다.

2. 다른 생각을 하고 있는 것은 아닌가?

놀 생각에 정신이 다른 곳으로 나간 상태에서는 독서의 가장 중요한 요소인 고요한 공간을 만들고 존재하기 힘들다. 그런 상태에서 하는 독서는 세월을 헛되이 보내는 결과만 만들게 된다.

3. 나와 다른 생각도 받아들일 수 있는가?

자신과 생각이 같은 사람만 찾아 대화를 나누며 조금이라도 다른 생각을 용납하지 못하고 미워한다면, 아무리 책을 읽어도 다양한 관점을 가지기 힘들다. 틀려도 그걸 받아들일 용기를 내야 한다. 그 두려움을 이겨내는 것이 곧 독서의 시작이다.

4. 나는 유행을 좇고 있지는 않은가?

남이 만든 글과 표현만 그대로 가져와 사용하는 것은 매우 안 좋은 행위다. 독서는 자신의 생각을 발전시키는 과정이어야 하기 때문이다. 세상의 유행을 좇는 사람들에게 단지 칭찬받기 위해 책을 읽는다면, 그건 겉만 번지르르한 포장지의 삶에 지나지 않는다.

5. 나는 나의 시간을 가장 소중한 일에 사용하고 있는가?

놀기만 하고 게임과 각종 유튜브 영상에 빠져서 산다면 빈둥빈둥 세월을 보내며 후회만 가득한 삶을 살게 된다. 그런 시간을 아껴야 비로소 책을 읽고 실천할 시간까지 확보할 수 있음을 기억하자. 시간이 없는 게 아니라, 소중한 일에 시간을 투자하지 않고 있는 것이다.

6. 나는 좋은 친구들과 어울리고 있는가?

열정이나 아무런 의지도 없는 친구들과 어울리며 시간을 보내고, 온종일 먹을 생각을 하면서 말싸움만 하고 있다면 어서 빨리 그 삶에서 벗어나자. 그런 습관으로는 제대로 읽는 습관을 만들 수 없다.

7. 책을 읽는 목적이 순수한가?

독서의 목표나 목적이 순수해야 한다. 재산을 더 많이 갖고 높은 지위에 오르기 위한 독서는 힘을 잃게 된다. 지혜를 바라보는 시선이 좁아지기 때문에 가질 수 있는 것의 100분의 1도 얻지 못해서 그렇다.

8. 같은 책을 반복해서 읽을 정도로 자제력을 갖고 있는가?

모든 지적인 능력은 우리에게 자제력을 요구한다. 더 놀고 싶지만 조금 더 앉아서 읽는 마음, 다른 책을 읽고 싶지만 더 깊게 읽고 싶어서 하나의 책을 열 번 반복해서 읽는 정성, 그것이 독서를 꿀맛처럼 달콤하게 만들어준다.

책을 읽는 아이로 키우는 율곡의 독서 조언 중 가장 중요한 것은 무엇일까? 힌트는 바로 '읽는'이라는 표현에 있다. '읽는다'는 말은 스스로 움직여서 도달해야 하는 동사의 영역에 속한 표현이다. 우리가 익히 알고 있는 수많은 철학자와 대가, 예술가와 인문학자들의 공통점은 바로 '말로만 외친 것이 아니라 실제로 삶에서 실천했다'는 사실이다. 그들은 입을 모아 이렇게 외친다.

"다들 말로만 그러지, 나는 실제로 해본 사람이라고!"

독서는
실천이다

앞서 언급한 율곡 이이의 여덟 가지 가르침과 질문이 중요한 이유는 독서는 결국 느끼고 깨달은 것을 실천하며 완성되는 지적인 도전이기 때문이다. 조금은 어렵지만 그 실천의 가치를 아이들에게 다음 문장으로 설명하면 좋다.

모든 책은 각각 하나의 행동 수칙이며,
행동을 통해서만 독서를 완성할 수 있다.

우리는 여기에서 대문호 괴테가 독서를 정의한 문장에 대해 깊이 사색해봐야 한다. 아이와 함께 읽고 그 뜻을 짐작해보자.

"나는 책 읽는 방법을 배우기 위해 80년이라는 세월을 바쳤지만, 아직까지도 독서가 무엇인지 제대로 말할 수 없다."

세계를 대표하는 대문호 괴테가 '독서를 모른다'라고 말한 이유는 무엇일까? 아이 입장에서도 이 질문에 답하는 것은 매우 소중한 경험일 수 있다. 평생 책을 읽을 것이기 때문에 독서의 귀한 가치를 제대로 마음에 담을 수 있기 때문이다. 괴테가 그렇게 말한 이유는 간단하다. 독서는 사람마다 다르기 때문이며, 생산적인 독서를 위해 각자 실천할 것 역시 환경과 삶에 따라 다르기 때문이다. '모르겠다'는 괴테의 말은 '독서는 실천이다'는 뜻을 담은 강력한 주장인 셈이다.

아이와 함께 읽어요

얼마나 소중한지 잘 알고 있어서
나는 내 시간을 함부로 사용하지 않습니다.

"시간이 없네."

"시간이 너무 빨리 지나가네."

우리는 이런 식의 푸념을 자주 합니다. 맞는 말이라고 볼 수도 있죠. 하지만 그 근본을 들여다보면 이런 사실을 발견할 수 있어요. 시간이 자신의 소유라는 사실을 모르고 있는 거죠. 나의 시간은 나만의 것입니다. 시간이 빨리 지나간 것이 아니라 내가 그렇게 보낸 것이고, 시간이 없는 게 아니라 내가 소홀히 대한 것에 대한 현실의 상황인 것이죠. 자신에게 주어진 시간을 제어하지 못하면 반대로 시간 앞에 굴복할 수밖에 없습니다.

읽기의 기쁨을 심어주는
부모의 말

독서를 즐기려면 읽는 행위 자체를 대할 때, 마치 숨을 쉬는 것처럼 아무런 거리낌도 없어야 한다. '꼭 읽어야 하나?' '뭐야, 또 책 읽으라고?' '언제까지 이런 공부를 해야 하나?' 등등의 의문이 조금이라도 든다면, 아이는 독서에 집중하기 힘들다. 아이에게 읽기의 기쁨을 알려주고 싶다면, 이 표현을 기억해야 한다.

> 아이가 일상에서 늘 '좋은 시선'에서
> 벗어나지 않겠다는 생각을 하고 행동해야
> 독서에서 더 근사한 결과를 낼 수 있다.

이를테면 '좋은 시선'이라는 표현은 이렇게 작용한다.
"저 생각은 틀렸으니까, 내가 가르쳐줘야겠네."

이런 생각은 좋지 않다. 지금 강조하는 좋은 시선에서 벗어난 표현이기 때문이다. '틀렸다'는 표현은 '다르다'는 것으로, '가르치자'는 표현은 '경험을 나누자'는 것으로 각각 바꿔야 좋은 시선에 근접하게 도달할 수 있다. 이런 생각으로 상황과 각종 사건을 바라보면 쉽게 좋은 시선에서 나온 생각을 언어로 표현할 수 있다.

"어떻게 하면 상대가 기분 좋게 해줄 수 있을까?"

"좋은 부분만 따로 분리하려면 어떻게 해야 하지?"

"서로에게 듣기 좋은 말을 하려면 어떻게 해야 하는 게 좋을까?"

그렇게 세 가지 질문으로 아이의 일상에 다가가면 좋은 시선이 녹아든 언어를 찾아낼 수 있다. 이해가 되지 않는다면 한번 다음에 제시한 두 문장의 느낌을 직접 비교해보라.

"저 생각은 틀렸으니까, 내가 가르쳐줘야겠네."

"나와 생각이 다르구나. 내 경험도 나누어봐야겠네."

어떤가? 마음이 차분해지면서 아늑한 공간이 느껴지지 않는가? 그것이 바로 '좋은 시선'의 힘이다. 언어가 향하는 방향을 조금만 바꿔도 이렇게 느낌이 전혀 달라진다. 틀린 게 아니라 다른 것이고, 가르치는 게 아니라 나누는 것이다.

이렇게 좋은 시선으로 대상을 바라보는 데 익숙해지면, 독서를 대하는 아이의 시선도 그 시선을 따라 긍정적으로 바뀐다. 글을 읽으면서도 좋은 것만 찾아내기 때문에, 따뜻한 것만 주는 독서를 저절로 좋아하게 된다. 아래에 제시하는 다섯 가지 언어 습관을 아이에게 설명하면서 낭독과 필사를 반복하면 더욱 멋진 효과를 기대할 수 있다.

1. 창조적 언어

"뭐든 세상에 100% 맞는 말은 없지. 중요한 건 내가 생각하는 1%의 다른 생각이야."

2. 가치의 언어

"끝을 보는 것도 좋지만 늘 과정을 기억해야 해. 중간중간 멈췄던 순간에 내가 생각한 증거가 있으니까."

3. 선택의 언어

"책을 손에 잡았다는 이유로 끝까지 읽을 필요는 없어. 중간에 멈출 수도 있고 다른 책을 고를 수도 있지."

4. 본질의 언어

"책 내용의 틀린 부분을 찾아내는 것도 좋지만, 가장 숭요한 것은 나의 잘못과 실수를 발견하는 거야."

5. 기록의 언어

"읽고 무언가를 생각했다면 거기에서 멈추지 말고, 늘 생각을 글로 적어서 표현해야 마음에 남길 수 있어."

투자와 예술, 경영과 철학 등 어떤 분야든 자신의 일로 행복을 느끼는 사람들의 삶에는 독특한 특징이 있다. 바로 돈과 명예가 아니라 자신의 생각을 실현하려고 그 일을 한다는 사실이다. 매우 중요한 부분이다. 그들은 돈과 명예에 의해서 동기가 부여되는 게 아니라, 간절하게 실현하고 싶은 생각의 가치에 의해서 움직이므로 일상에 언제나 활력과 행복이 가득하다. 그래서 우리는 더욱 좋은 시선으로 세상과 책을 바라봐야 한다. 좋은 시선으로 봐야 그것을 실천하며 무언가를 창조할 에너지를 가지게 되기 때문이다.

"왜?" "어떻게?"
질문으로 접근하라

"왜?"

"어떻게?"

독서할 때 "왜?" "어떻게?"라는 2단계 질문 과정을 거쳐야 책에서 읽은 내용을 조금 더 깊이 알 수 있게 된다. 다섯 살도 되지 않은 아이가 책에 적힌 대로 "삼 곱하기 삼은 구입니다"라고 말한다고 곱셈을 다 이해했다고 말할 수는 없다. 아이가 단순히 어떤 정보를 발음한다고 해서 그 정보를 완전히 이해했다고 볼 수는 없다. 오히려 아이는 그런 상황을 경험하며 "이해하지 못해도 외워서 말로만 할 수 있으면 뭐든 괜찮구나"라는 착각에 빠지게 된다.

2단계 질문을 통해 아이들은 스스로 자신이 어디까지 알고 있는지 점검할 수 있다. 시작은 "왜?"로 출발한다. "왜 삼 곱하기 삼이 구라고 생각하니?"라는 질문에 답할 수 있다면 다음에는 "어떻게?"를 활용해서 "삼 곱하기 삼이 어떻게 구가 되는지 알려줄래?"라는 질문을 던지며 자신의 생각을 설명하게 하면 된다. 어떤 경우든 이렇게 2단계 질문을 응용하면 이전보다 수월하게 그러나 깊이 이해하며 독서 활동을 이어나갈 수 있다.

간혹 책을 읽고 주제나 요점을 잘 발견해서 말하는 아이들을 보게 된다. 그러나 앞서 말한 것처럼 그런 아이들 중 90% 이상은 그저 책에 쓰여 있는 글귀를 발음한 것에 불과하다. 그때 2단계 질문을 통해 아이는 책의 부분적인 윤곽을 그리고 그것이 어떻게 주제와 연관되어 전개되는지를 스스로 연구하며 파악할 수 있다.

아이와 함께 읽어요

나는 가장 좋은 것만 찾기 위해
끝없이 질문할 생각입니다.

질문을 멈추지 말아요. 질문이 많다는 것은 모르는 게 많다는 것이 아니라, 알고 싶은 게 많다는 거니까요. 오히려 반대로 질문이 없는 것이 모르는 것이 없는 게 아니라, 알고 싶은 것이 없다는 증거입니다. 묻고 또 물어야 합니다. 그건 알고 또 알고 싶다는 말이니까요.

유튜브와 TV를
독서 교육에 활용하는 법

아이를 자극하는 각종 매체를 두고 '전혀 교육과 상관없는 것들'이라고 생각하기 쉽다. 그러나 그건 단순한 생각에서 나온 결론이다. 우리 삶에 존재하는 모든 것은 아이의 언어 수준을 높이는 방법에 활용할 수 있다. 사물과 사건을 바라보는 시각만 바꾸면 간단하게 해낼 수 있는 일이다. 아이를 유혹하는 각종 도구를 '통제'가 아닌 '활용'의 시선으로 바라보면 '강압'이 아닌 '자기 주도'의 삶에 접근할 수 있게 된다.

많은 부모가 걱정하는 유튜브와 TV를 시청하는 것도 마찬가지다. 그것들이 나쁜 것이라고 생각하며 제어하려고만 한다. 강압적으로 시청 시간을 제어하며 아이들을 통제하려는 시도는 순간적으로 성공한 것처럼 보일 수 있지만, 아이 입장에서는 '잠시만 양보'한 것에 불과하다. 부모의 말과 힘이 미치지 않는 공간에서는 마치 자기 제어력을 잃은 사람처럼 각종 미디어에 열광한 자신을 멈추지 못할 것이다. 장기적으로 볼 때 전혀 효과적인 선택이 아니다.

이렇게 잘 알고 있으면서 그럼에도 많은 부모가 통제를 선택하는 이유는, 활용의 시선이 좋다는 것을 알고는 있지만 매우 어려운 방법이라고 생각해서 그렇다. 수학 역시 많은 학자들이 일상에서 적용 가능하게 활용하는 것이 좋다고 말하지만 부모 입장에서는 이런 질문이 쏟아져 나올 수밖에 없다.

"가치는 알겠어. 그런데 대체 어떻게 해야 하는 거야?"

나는 분명한 방법을 다음 3단계 방식을 통해 전하려고 한다. 일단 전혀 어려운 것이 아니라는 태도로 접근해야 모든 것이 수월해진다는 사실을 기억하자. 우리가 이런 방식으로 유튜브와 TV를 시청하면 아이의 언어 감각을 끌어올리며 동시에 교육적으로도 활용할 수 있다.

1. 먼저 대화로 주제를 정하자

'근사한 언어 감각이 그 사람의 인생 수준을 높일 수 있다'라는 주제로 이야기를 나눈다고 생각해보자. 꽤 어려운 주제라고 생각할 수 있지만, 주제 자체는 그대로 두고 표현하는 수준만 아이에게 맞게 조절하면 얼마든지 대화가 가능하다. 주제가 어렵다고 포기할 이유는 없다. 정말 중요한 부분이니 늘 기억하며 실천하자. 아이가 이해할 수 있게 표현만 약간 바꿔주면 된다. 이런 식으로 대화를 시작해보는 것이다.

"요즘에 친구들이 자주 쓰는 표현이 뭐가 있니? 맛있는 거 먹었을 때 뭐라고 하니?"

그럼, "대박 맛있어" "너무 맛있어"라는 식의 표현을 자주 쓴다는 답변이 나올 것이다. 이렇게 1단계에서는 주제를 아이가 이해하기 쉽게 변주하고, 이에 따른 아이의 생생한 답변을 듣는 게 목표다.

2. 영상을 시청하며 자연스럽게 발견하게 하자

그럼 이번에는 아이와 함께 여럿이 모여 음식을 즐기는 영상을 시청해보자. 유튜브나 각종 방송에서 워낙 많은 프로그램을 만들고 있으니 아이가 좋다는 영상을 선택해서 시청하면 된다. 중요한 건 과정에 집중되어 있다. 음식을 먹는 장면이 나올 때마다 출연자가 맛을 표현하기 전에, "저 사람은 뭐라고 맛을 표현할까?"라는 질문을 던지는 거다. 그렇게 방송을 아이 자신의 의지로 집중하게 만드는 것이 포인트다. 프로듀서가 편집하고 구상한 대로 끌려가는 것이 아니라, 그 틀에서 벗어나 스스로 질문을 던지며 자신의 시선으로 새롭게 구성한 자신만의 방송을 시청하게 되는 것이기 때문이다.

"저 사람은 대박이라는 표현을 정말 자주 쓰네."

"다른 음식을 먹었는데 다 대박이래. 저렇게 표현하면 뭘 먹고 어떤 느낌을 받았는지 알 수가 없네."

이런 식으로 전에는 볼 수 없는 부분을 발견하며 색다른 생각을 '창조'하게 된다. 언어 수준이 전과 완전히 달라지는 것이다.

3. 일상에서 자주 기억을 꺼내 생각하게 하자

언제나 일상에서의 실천이 가장 중요하다. 이번에는 영상에서 나와서 일상이라는 화면 속으로 들어가는 거다. 아이와 식당에 가거나 새로운 음식을 먹을 때 "우리 한번 이 음식의 맛을 서로 표현해볼까?" "그런데 전에 방송에서 봤지만 '대박'이나 '너무 좋아'라는 표현은 맛을 제대로 설명하지 못하니까 그런 말을 빼고 표현해보는 게 어떨까?" 이렇게 과거 영상에서 봤던 순간을 예로 들어서 일상에서 실천하는 시간을 자주 갖는 게 좋다. 그럼 유튜브와 TV를 시청하는 시간이 그저 끌려가며 소비하는 시간이 아닌, 자기 주도 학습을 실천하며 연습하는 근사한 시간으로 활용된다.

언어는 쓰는 사람에 의해서 그 가치가 결정된다. 듣기만 해도 기분이 좋아지는 언어와 근사한 기품이 느껴지는 언어는 가정에서도 충분히 가르칠 수 있다. 아니, 그런 고귀한 언어는 가정이 아니라면 다른 곳에서는 가르칠 수가 없다. 기품이 넘치는 언어는 서로 사랑하는 사이에서만 오갈 수 있는 소중한 것이기 때문이다. 당신도 충분히 할 수 있다. 방송과 유튜브를 너무 오래 시청한다고 비난만 하지 말고, 끊을 수 없다면 활용할 방법을 생각하자. 다시 강조하지만, 우리는 뭐든 활용할 수 있다. 다만 쉽게 포기할 뿐이다. 아이에게 도움을 주고 싶다는 생각으로 다가가며, 뭐든 할 수 있다는 사실만 기억하자.

끝까지 읽지 말고
중간에 멈춰라

독서는 단순히 마지막 페이지를 만나기 위해 읽는 것이 아니라, 중간에 멈출 곳을 발견하는 지적인 게임이다. 여기까지 책을 읽었다면 "왜 독서는 중간에 멈출 곳을 발견하는 지적인 게임인가?"라는 나의 질문에 당신의 생각을 말할 수 있어야 한다. 중요한 부분이니, 아이와 함께 생각해보는 시간을 가져보자.

이때 두 가지 조건이 있다. 첫 번째는 말이 길어지면 아직 충분히 이해하지 못했다는 것이고, 두 번째는 "무슨 말인지는 알겠지만, 설명은 쉽지 않다"라는 말이 나온다면 머리로만 알지 실천한 적이 없다는 것이다. 독서를 하며 만난 모든 문장은 자신의 언어로 설명이 가능해야 한다. 아이들이 책을 읽는 중간중간 곁에서 이렇게 질문해보자.

"어느 부분이 좋았어?"
"거기에서 어떤 마음이 느껴졌니?"

위 질문을 통해 아이는 자연스럽게 스스로 흥미를 느낀 부분을 설명할 수 있게 된다. 설명할 수 있어야 비로소 그 문장을 읽었 다고 말할 수 있다.

아이와 함께 읽어요

깊이 집중하면 만화책이나 유튜브에서도 좋은 것을 찾아낼 수 있습니다.

독서에 집중하면 주변에서 일어나는 모든 일이 독서를 돕습니다. 주변의 상황과 일이 나를 자꾸만 방해한다고 생각하면, 그건 주변이 아니라 자신에게 문제가 있다는 사실을 증명하지요. 한 사람에게 깊이 빠지고, 하나의 생각을 깊이 파고들면, 주변에 존재하는 모든 것들은 나의 성장을 돕습니다. 그 어떤 것도 집중하는 자를 막을 수 없으니까요.

아이의 역발상을 돕는
말하기 습관

창조력이나 역발상을 생각하면 저절로 '어렵다'라는 지점에 도착하게 된다. 하지만 어렵게 생각할 이유가 전혀 없다. 역발상은 그저 반대로 생각하는 것이다. 기존의 상식에서 벗어날 수 있게 돕기 때문에 자주 일상에서 실천하면서 '나는 알고 있다'라는 허상과 아집에서 자연스럽게 벗어날 수 있다. 그런데 그 좋은 게 일상에서 잘 이루어지지 않는 이유가 뭘까? 부모가 아이의 생각을 지나치게 간섭하거나 통제하기 때문이다. "나는 그런 일이 없어요!"라고 응수할 수도 있다. 실제로 자신은 모를 수도 있다. 이런 일을 보통 습관처럼 이루어지는 일이라 의식하지 못할 가능성이 높아서 그렇다.

예를 들어서, 부모가 "꽃향기가 진해서 벌이 날아오는구나"라고 말했을 때, 아이가 반대로 "에이, 아니죠. 벌을 만나고 싶어서 꽃이 향기로 유혹한 거죠"라고 답하면, 간혹 어떤 부모는 말꼬리를 잡는다고 아이를 혼내기도 한다. 모든 역발상은 사실 앞에 말한 사람의 생각에 꼬리를 잡으면서 시작한다. 그 잠시 동안의 시간을 참지 못하고 아이를 혼내면 역발상으로 이루어지는 모든 효과는 사라진다. 하지만 그때 적절히 아이의 말에 공감하며 생각을 진전하면 이런 근사한 한 줄의 시와 같은 생각을 만날 수 있다.

"꽃은 향기로 말을 거는구나."

우리가 그간 얼마나 주변에 있는 것들의 면면을 제대로 살피지 못했는지, 세상이 "이것이 사실이다"라고 말하면 전혀 의심하지 않고 얼마나 쉽게 지나쳤는지, 동화 하나를 예로 들어 설명하려고 한다. 아이와 함께 읽으면 더욱 효과가 좋으니 차분한 마음으로 함께 페이지를 넘겨보자.

프랑스의 동화작가 샤를 페로의 작품 『신데렐라』에 나오는 가장 중요한 소재는 '유리 구두'라고 볼 수 있다. 그런데 여기에는 놀라운 이야기가 하나 등장한다. 샤를 페로가 처음 쓴 작품에서는 유리 구두가 아닌 '가죽 구두'였다는 사실이다. 가죽(vair)이라는 말과 유리(verre)라는 말이 유사한 음을 내서, 영어로 번역이 되어 세상에 퍼질 때 변질이 되었다는 것이다. 이런 사실을 알게 되면 그제야 이런 생각을 하게 된다.

'그래, 자꾸 신으면 늘어나는 가죽 구두보다는 아무리 신어도 변화가 없는 유리 구두가 『신데렐라』의 이야기에 더 잘 어울리지.'

앞서 나는 발음이 유사해서 번역을 하는 과정에서 가죽이 유리가 되었다는 사실을 알렸지만, 그것보다는 『신데렐라』를 번역했던 사람이 스스로 판단해서 가죽보다 유리가 이야기에 더 잘 어울린다고 생각해서 그렇게 번역한 것이 아닐까 생각하기도 한다. 발음이 비슷하다는 이야기는 번역 이후 그것을 설명하기 위해 누군가 억지로 말을 맞췄을 가능성이 높다. 이유는 간단하다. 그렇게 가죽이 유리로 잘못 번역된 작품이 진짜 작품보다 더 세상에 알려지고 유명해지게 된 후, 그것이 태어난 프랑스 본고장으로까지 역수입이 되었기 때문이다. 번역이 잘못되었다면 그때 다시 수정하면 되는 일이었다. 하지만 프랑스의 시민들 역시 마찬가지로 가죽보다는 유리가 이야기에 더욱 잘 맞는다고 생각했기 때문에 특별하게 이의를 제기하지 않고 작품을 남겨둔 것이다.

세상이 정의한 무언가를 받아들일 때 그것이 변하지 않는 진리라고 생각할 필요가 없다. 아니 더 강력하게 말하자면, 그런 자세를 버리고 바라봐야 한다. 그래야 신데렐라의 이야기에 가죽보다 유리가 더 잘 어울린다는 본질을 파고드는 생각의 전환을 이룰 수 있기 때문이다. '뭐든 완벽한 것은 없으니 내가 조금 더 근사하게 만들어야지'라는 시선으로 모든 것을 대하면, 세상에는 바뀔 것들 천지라는 사실을 깨닫게 된다. 그럼 저절로 몰입과 관찰, 자기 주도와 공부가 순식간에 이루어진다. 세상에 완벽한 것은 하나도 없다. 모든 일에는 아직 다른 사람이 발견하지 못한 본질이 숨어 있고, 그걸 건드리면 움직이지 않던 거대한 몸이 자연스럽게 행동을 시작하며 새로운 것을 창조하게 된다. 그 모든 위대한 과정을 나는 이렇게 한 줄로 압축하고 싶다.

마음의 벽을 넘어야 발상을 전환할 수 있다.

창조와 혁신을 이끄는 기본 재료인 '발상의 전환'에 우리가 늘 실패하는 이유는 마음의 벽을 넘지 못하기 때문이다. 이미 그것이 정답이라고 정한 마음에서 쉽게 벗어나지 못해서 다른 지점을 발견할 수가 없다. 아이가 그 마음의 벽을 넘을 수 있게 돕는 것은 오로지 부모의 몫이자 역할이다. 아이가 어떤 말을 하든 그 말과 표현을 존중하자. 역발상은 언제나 꼬리를 잡으며 다가온다는 사실을 기억하면 조금은 수월하게 해낼 수 있을 것이다.

단어 하나를
다각도로 이해하는 법

'떴다 떴다 비행기 날아라 날아라.

높이 높이 날아라 우리 비행기'

노래의 가사는 매우 간단하지만, 그 안에 녹아 있는 메시지는 강력하고 분명하다. 우리가 주의 깊게 살펴야 할 부분은 '떴다'와 '날아라', 그리고 '높이'라는 표현이다. 이 세 가지 표현은 그냥 나온 게 아니며, 순서 역시 그냥 나열한 것이 아니다.

표현을 하나하나 살펴보자. '떴다'라는 표현은 수동적인 의미를 담고 있다. 이를테면 바람이라는 지원군이 없으면 뜨지 못하기 때문이다. 누군가의 도움을 얻어 하늘에 뜨기 시작하면 이제 '날아라'라는 의미로 도약할 수 있다. '날아라'라는 표현에는 스스로 움직여서 도약한다는 능동적인 의미가 녹아 있기 때문이다. 그럼 이렇게 요약할 수 있다.

"네가 아무리 멋진 비행기를 만들어도 널 도와줄 사람을 만나지 못하면 비행기를 하늘에 띄울 수 없지. 그러나 그런 사람을 만나 비행기를 띄우게 되면, 그때부터는 그간 네가 쌓은 노력과 경험으로 스스로 날아갈 수 있을 거야. 그렇게 너는 네가 처음 상상한 '높은' 곳까지 올라갈 수 있는 거지."

우리는 겨우 단어 하나를 입체적으로 읽었을 뿐인데 나열하기도 힘들 정도로 많은 것을 얻었다. 사람이 성장하는 과정에서 어떤 철학을 갖고 살아야 하는지에 대해서 매우 근사한 깨달음을 얻었기 때문이다. 철학책을 오랫동안 고생하며 읽어야지만 철학을 배울 수 있는 게 아니다.

책이 어떤 내용을 담고 있든
읽는 사람이 '철학의 시선'으로 바라보면
어떤 책에서도 우리는
'철학의 메시지'를 발견할 수 있다.

아이와 함께 읽어요

세상에 완벽한 것은 없으니,
지금보다 더 좋은 것이 있다는 생각으로
나만의 하나를 창조하겠습니다.

뛰어난 건축가는 많이 배워서 기술이 뛰어난 사람이 아니라 벽돌 하나와 작은 공간 하나의 가치를 아는 사람입니다. 뛰어난 음악가 역시 마찬가지로 재능이 있거나 배운 게 많은 사람이 아니라, 한 음 한 음에 녹아 있는 가치를 아는 사람이지요. 독서도 그래야 합니다. 단어 하나가 가진 힘과 가치를 제대로 알아야 정성을 다해 읽어서 남과 다른 무언가를 찾아낼 수 있으니까요. 다른 차원의 독서는 다른 차원의 가치에서 시작합니다.

안목을 기르는
분석하는 읽기

누구나 책을 읽는다. 하지만 책의 내용을 깊게 이해하지는 못한다. 이유가 뭘까? 간단하다. 깊게 알 수 있을 정도로 분석하며 읽지 못해서 그렇다. 그런 얕은 수준의 독서로는 아무리 많은 책에 시간을 투자해도 아무런 성과도 낼 수 없다. 조금은 특별한 시선으로 접근하려는 자세가 필요하다. 바로 책 한 권에 의지하는 것보다는 관련된 책을 세 권 이상 찾아서 읽겠다는 자세다. 이게 바로 '분석하는 읽기'의 시작이다. 한 권만 읽으면 지식은 쌓을 수 있으나, 무엇이 장점이고 무엇이 단점인지는 판단하기 힘들다. 기준이 딱 하나만 제시된 상태이기 때문이다. 생각은 저마다 제각각이기 때문에 책 한 권을 통해서는 분명한 판단 기준을 세우기 힘들다. 예를 들어서 '유튜브'를 주제로 분석하는 읽기를 아이와 실천하고 싶다면, 이런 단계로 책을 선택해서 읽는게 좋다.

1. 실제로 활동하는 사람이 쓴 책을 먼저 고르자

아이들이 좋아하는 인기 유튜버가 쓴 책을 읽으면 흥미를 가질 수 있어 더욱 좋다. 일주일 정도 시간을 충분히 주며 글자 하나까지 차근차근 읽는 게 좋다. 그래야 다른 책의 내용과 비교할 최소한의 지식과 생각을 쌓을 수 있기 때문이다.

2. 그 분야에서 실제로 활동하지는 않지만 주변에서 연구하며 관찰한 전문가가 쓴 책을 고르자

유튜브를 실제로 하는 사람과 곁에서 지켜보는 사람이 쓴 글은 서로 다를 수밖에 없어서 비교하며 읽기 좋다. 쉽게 말해서 같은 책을 읽어도 다른 곳에 줄을 치는 두 사람이 쓴 책을 읽는 것이다. 이때 아이가 책을 읽으며 스스로 "지난번에 읽은 책과 뭐가 다르지?"라는 질문을 던질 수 있다면, 더욱 농밀한 독서를 할 수 있다.

3. "실제로 해본 사람이 쓴 책과 곁에서 연구한 사람이 쓴 책 중 어떤 종류의 책이 더 읽고 싶니?"라는 질문을 통해 아이가 추가로 선택한 책을 읽게 하자

이러한 독서는 아이에게 다양한 지적 자극을 줄 수 있어 매우 의미 있는 경험이 될 것이다. 이때 "어떤 내용을 새롭게 알게 되었니?" "무엇 때문에 그 책을 고른 거야?"라는 질문으로 생각을 확장할 수 있게 하면 더욱 좋다.

이 3단계 과정을 통해 아이는 자신이 알고 싶은 분야에 대한 테마와 관련된 탄탄한 밑그림을 그릴 수 있다. 그렇게 성장한 아이를 조금 더 높은 수준에 도달하게 하고 싶다면 이번에는 〈어떻게 이런 생각을!〉이라는 노트를 만들면 좋다. 책을 읽으며 '아니, 어떻게 이런 생각을 할 수 있지?'라는 생각이 절로 드는 부분만 따로 필사해서 모으는 노트를 하나 마련하는 것이다. 이때 중요한 것은 좋은 의미에서 시작한 '이런 생각'과 반대로 나쁜 의미에서 시작한 '이런 생각'을 모두 다 필사해야 한다는 사실이다. 그래야 좋은 의미의 경탄과 나쁜 의미의 경탄이 무엇을 의미하는지 모두 알 수 있으며, 이를 통해 좋은 부분에서는 좋은 것을 배우고 나쁜 것에서는 좋게 바꿀 수 있는 방법을 배울 수 있게 된다. 기록하는 방법은 이렇다.

1. '아니, 어떻게?'라고 생각되는 부분을 필사하라

좋은 의미에서든 나쁜 의미에서든 '아니, 어떻게?'라고 생각되는 부분을 발견하고 필사하라. 이때 중요한 건 소리를 내며 필사를 하면 내면에 존재하는 생각을 자극할 수 있어 더욱 좋다는 사실이다.

2. 필사한 부분의 2분의 1로 압축해서 다시 필사하라

보통 필사한 부분이 꽤 길 가능성이 높다. 혹은 쓸데없는 부분이 조금 들어 있을 수도 있다. 이번에는 필사한 부분을 2분의 1로 압축해서 다시 필사하자. 이를 통해 아이는 쓸데없는 것을 배제하며 진짜 정보만 남기는 방법을 알게 된다.

3. 3단계로 질문하라

"작가는 어떻게 그런 정보를 얻었을까?"

"또 판단 근거는 무엇인가?"

"거기에 대한 나의 생각은 무엇인가?"

이렇게 3단계 질문으로 내용을 장악하며 자신의 것으로 만드는 것이다.

분석하며 읽으면
삶의 방향이 잡힌다

무엇을 하든 그걸 하는 목적이 무엇인지 잘 모를 때 가장 위험하다. '무작정 많은 것을 하자'는 선택을 하게 되기 때문이다. 독서도 그렇다. 주변을 보면 어떤가? 많은 아이들이 무작정 많은 책을 읽고 있다. 어쩔 수 없는 선택일 수도 있다. 하지만 그렇게 보낸 시간은 우리에게 원하는 것을 주지 않는다. 이유는 간단하다. 처음부터 아무것도 원하지 않았기 때문이다. 그냥 좋다고 해서 읽으면, 당연히 그냥 시간을 버리게 된다. '그냥'이라는 언어는 지성을 아이의 내면까지 배달해줄 힘을 갖고 있지 않다. 아이에게 이런 질문을 자주 던지자.

"너는 소중한 사람들에게 어떤 마음을 주고 싶니?"

"너 자신에게 매일 어떤 이야기를 들려주니?"

분석하며 읽는 습관을 들이기 위해서는 먼저 삶의 방향을 잡아야 한다. 스스로 어디로 가는지 알아야 그때 눈에 보이는 것들을 읽으며 해석할 수 있기 때문이다. 또한, 원하는 삶의 목표가 있다면 그걸 자주 낭독하며 발음하면, 언젠가 그걸 가진 자신을 만나게 될 것이다. 발음이 익숙해지면서 그 단어와 문장이 익숙해진다는 것은, 그런 삶을 살게 되었다는 사실을 의미하기 때문이다. 그게 바로 낭독이 가진 지적인 힘이다. 원하는 것을 글로 표현해서 낭독할 수 있다면 우리는 무엇이든 가질 수 있다.

자세히 읽고 들여다보면
그 안에서 새로운 세상을 만날 수 있습니다.

무엇을 먼저 해야 하는지 순서를 아는 사람은 결코 서두르지 않습니다. 그 일의 과정과 결과를 짐작하고 있기 때문이지요. 아무것도 모르는 사람에게 유일한 무기는 멈추지 않고 달려가는 것입니다. 자신의 의지로 시작한 일이 아니라서 중간에 멈출 용기도 내지 못하죠. 세상에는 멈춰야 보이는 것들이 있고, 그때 보이는 것들은 우리 인생에서 값진 역할을 합니다. 그걸 경험하려면 스스로 무엇을 해야 하는지 알아야 하겠지요. 모르면 멈출 용기를 낼 수가 없으니까요.

아이의 문해력을 키우는
부모의 대화법

문해력은 따로 공부해야 하는 과목이 아니다. 일상에서 자연스럽게 이루어지는 숨소리와 같은 것이기 때문이다. 아이는 매일 언어라는 양식을 먹고 자란다. 그래서 매일 부모와 나누는 대화가 매우 중요하다. 아이들은 대화 속에서 부모의 언어를 듣고 문해력의 가치를 깨닫게 되고, 동시에 자기 안에 문해력을 키울 수 있는 양식을 쌓아가기 때문이다.

　중요한 사실은 아이와 직접적으로 대화를 나눌 때도 주의를 해야 하지만, 다른 사람과 대화를 나누는 장면을 아이가 볼 때도 마찬가지로 주의를 해야 한다는 것이다. 아이 귀에 들리는 모든 언어는 결국 아이 삶이 되어 앞으로 살아갈 문해력을 좌우하기 때문이다. 만약 부모가 일상에서 마주치는 모든 대화의 순간에 늘 다음에 제시하는 열두 가지 방법을 기억한다면 아이의 문해력은 빠르게 높아질 것이다.

1. 반응을 보여주자

말이 많은 것도 좋은 일은 아니지만, 아예 표현하지 않는 건 더 안 좋다. 느끼기만 하고 표현을 하지 않으면 표현력이 자꾸만 사라지기 때문이다. 문해력은 자신이 경험한 순간에 대한 느낌을 표현하는 것에서 시작한다.

2. 때와 장소에 맞는 말을 하자

가끔 상황에 맞지 않는 엉뚱한 이야기를 하는 사람이 있다. 그것은 마치 돈가스를 파는 식당에서 스테이크를 주문하는 것과 같다. "어차피 같은 고기잖아요"라는 생각은 오히려 자신의 언어 감각을 망칠 뿐이다. 가장 적절한 언어와 표현을 선택한다는 것은 문해력 향상에 매우 중요하다.

3. 가르치려는 마음을 다 버리고 다가가자

가르치려는 마음이 남아 있으면 대화를 제대로 나눌 수가 없다. 자꾸만 자신이 아는 것만 주입하려고 하기 때문이다. 그런 상태에서는 아이의 말도 들을 수 없고, 분노와 원망만 커질 뿐이다. 마음대로 되지 않아서 그렇다. 마음을 바꿔야 한다. 마음대로 하려고 대화를 하는 게 아니라, 마음을 들으려고 대화를 한다고 생각하자.

4. 좋은 부분만 보며 말하자

나쁜 부분을 말하기는 쉽다. 노력하지 않아도 쉽게 찾을 수 있기 때문이다. 그래서 상대의 좋은 부분, 혹은 자신이 놓인 상황에 대한 좋은 부분을 찾아 말하는 행위는 매우 중요하다. 부모의 그 모습을 보며 아이는 문해력이란 결국 눈에 보이지 않는 것을 찾아내는 것이라는 사실을 깨닫게 되기 때문이다. 눈과 마음을 열고 찾으려는 사람이 되라.

5. 웃기려고 상처를 주지 말자

세상에는 세 가지 말이 있다. '절대 할 필요가 없는 말', 그리고 '하면 좋을 말', 마지막으로 '꼭 해야 할 말'이 바로 그것이다. 가장 나쁜 경우는 웃기려고 혹은 분위기 때문에 괜히 쓸데없는 말을 해서 상대방 마음에 상처를 주는 것이다. 침묵보다 나은 말을 하겠다는 생각을 늘 마음에 품고 있어야 한다. 그래야 내면에 담긴 언어의 가치를 높일 수 있다.

6. 말과 글로 찌르지 말자

듣기만 해도 마음을 아프게 하는 말이 있다. "너, 내가 분명히 하지 말라고 몇 번이나 말했지!" "이번에도 실수하면 알아서 하는 게 좋을 거야!"와 같은 말이 나쁜 이유는 상대에게서 생각을 빼앗기 때문이다. 혼나거나 실수하지 않으려고 애를 쓰다가 결국 스스로 생각하지 못하는 인간이 되어버린다. 말과 글로 찌르지 말고 포근하게 안아준다는 생각으로 다가가라.

7. 이제 막 사랑을 시작한 연인에게 말하듯 대화하자

사랑은 사람을 아름답게 만든다. 그 시작은 언어다. 사랑하는 마음을 갖게 되면 누구나 자기 안에서 가장 귀하고 빛나는 언어만 골라서 들려주게 되기 때문이다. 아이를 대할 때나 지인을 대할 때, 이제 막 사랑을 시작한 연인을 대하듯 말해보라. 같은 상황이라도 더 좋은 단어를 선택하게 되며, 더 긍정적이며 따스한 언어를 추구하게 되는 자신을 보며 깜짝 놀라게 될 것이다.

8. 반응할 시간과 기회를 허락하자

가장 근사한 대화는 정적이 흐를 때 결정된다. 서로 자신의 생각을 주입하려고 입을 닫지 않는 순간, 우리는 분노와 고통의 감정만 겪게 된다. 상대에게 충분히 생각할 시간과 말할 기회를 허락하자. 정적을 두렵게 여기지 않아야 그 시간과 기회를 허락할 수 있다. 서로 말이 없는 정적의 시간은 두 사람이 느끼는 친분의 거리가 아닌, 지성의 깊이를 증명하는 거라는 사실을 기억하자.

9. 동어 반복은 최대한 자제하자

같은 표현이라도 매번 말할 때마다 다른 방식으로 표현하려고 의식적으로 노력해보자. 매일 같은 표현을 사용한다는 것은 생각하지 않고 산다는 것과 같기 때문이다. 단순하게 "맛있네"라는 표현만 반복하지 말고 그 맛이 어떤지, 무엇에 비유할 수 있는지, 어떤 기분이 들게 하는지, 이렇게 세 가지 질문을 통해 나온 매일의 변화를 언어로 표현하는 것도 좋다. 세상이라는 소스는 언제나 누구에게나 동일하다. 그걸 어떻게 표현하느냐에 결과가 달려 있다.

10. 아이가 이해할 수 있는 칭찬을 하자

간혹 상대에게 좋은 말을 들었지만 "저 사람 왜 갑자기 칭찬을 하는 거지? 무슨 의도가 있나?"라는 생각이 들게 하는 사람이 있다. 이유는 둘 중 하나다. 칭찬을 들을 정도의 일을 한 적이 없거나 너무 과한 표현을 써서 그렇다. 칭찬은 좋은 것이지만, 상대가 이해하며 받아들일 수 있는 수준에서 해야 효과를 볼 수 있다. 늘 상황에 맞는 적절한 수준의 언어를 선택하자. 이를 통해 우리는 단어와 지식을 많이 알고 있지 않아도 단지 적절한 표현을 선택하는 것만으로도 충분히 원하는 것을 얻을 수 있다는 사실을 알게 된다.

11. 일상의 다양한 소재를 활용하자

우리 주변에는 다양한 소재가 있다. 지금도 소재는 태어나고 있으며 동시에 사라지고 있다. 그걸 인지하고 잡는 사람도 있지만, 눈을 감고 그간 자신이 아는 것으로만 대화를 나누려는 사람도 있다. 전자는 언제나 풍성한 내용을 대화라는 바구니에 담을 수 있지만, 후자는 바구니에 담은 것을 꺼내만 쓰다가 결국 할 말이 없는 사람이 될 가능성이 높다. 늘 주변을 보라. 그리고 찾아내자.

12. 늘 기대하는 마음을 보내자

기대는 아름다운 마음이다. 늘 그 사람을 바라보며 생각하고 있어야 가질 수 있는 마음이기 때문이다. 생각한다는 것은 사랑한다는 말과 같다. 무언가를 받으려는 마음과 가르치려는 마음은 간혹 실패하지만 사랑하는 마음과 기대하는 마음은 실패하지 않는다. 그런 의미에서 문해력을 키우기 위한 대화에서 가장 중요한 것은 늘 기대하는 마음을 갖고 사는 것이다. 일상에서 자주 대화를 나누는 사람을 생각하며 그 사람이 잘 되기를 바라는 마음을 가져보자.

우리는 일상에서 수많은 사람과 대화를 나눈다. 아이와의 대화도 중요하지만, 그게 전부는 아니다. 부모가 다른 사람들과 나누는 대화를 통해 아이는 다양한 감정을 느끼며 다양한 분야의 수많은 지식을 얻을 수 있기 때문이다. 늘 언어를 소중히 생각하며 아이와 함께 있을 때나 그렇지 않을 때도 정성을 담아 이야기를 나눈다고 생각해야 실수를 줄일 수 있으며, 아이의 문해력 향상에 도움이 될 수 있는 언어생활을 즐길 수 있다.

'다방면의 독서'가 아닌
'다방면의 시각'을 가져라

알고 싶은 주제에 대해서 다방면으로 알아보며 독서하는 것도 좋지만, 핵심은 시선의 변화에 있다는 사실을 기억할 필요가 있다. '다방면의 독서'는 그저 책만 바꾸는 것이 아니라, 읽는 눈을 '다방면의 시각'으로 바꾸는 게 우선이다. 늘 본질에 집중해야 더 좋은 방법이 보이고, 이를 통해 독서로 원하는 것 이상의 결과를 낼 수 있다. 이를테면 이렇다. 국어를 연구하는 사람이 수학에 대한 책을 읽는다고 그걸 다방면의 독서라고 말할 수 있는 것은 아니다. 핵심은 자신이 공부하는 국어를 수학적인 시각으로 읽는 것에서 시작하기 때문이다. 그런 시각을 갖고 있어야 실제로 수학에 대한 책을 읽을 때 남들은 발견하지 못한 부분을 발견해서 그것을 자신의 주업인 국어에 활용할 수 있게 된다. 독서를 통한 세상에 존재하는 모든 창조와 혁신이 바로 그렇게 시작된다. 수많은 혁신가들과 창조자들이 책을 읽는 이유가 바로 여기에 있다. 시간이 남아서 읽는 게 아니라, 읽어서 시간을 절약할 온갖 능력을 갖게 되기 때문에 독서에 몰입하는 것이다. 그 모든 능력이 바로 다방면의 시각에 집중되어 있다.

아이와 함께 읽어요

언어는 내게 찾아온
가장 아름다운 선물입니다.

아이는 두 번 태어납니다. 부모의 사랑으로 세상에 태어나고, 부모의 말로 다시 한번 태어나 완벽해지지요. 부모의 말이 아이에게는 생명입니다. 당신은 오늘 어떤 생명을 아이와 나눴나요? 그리고 나는 부모님께 어떤 말을 전했나요? 언어에 사랑이 가득해지면 삶도 아름다워집니다. 그런 삶에는 이해하지 못할 일이 없겠지요. 사랑은 뭐든 이해할 수 있게 해주니까요.

STEP 4
입체적 읽기

모르는 것을
스스로 알게 하는 힘,
1문장 입체 독서법

변주하는 힘을 키우는
5단계 독서법

지금부터는 독서의 질과 깊이 모두를 결정짓는 매우 중요한 이야기를 전하려고 한다. 먼저 기억할 부분은 '배우는 과정을 통해 우리는 무엇도 배울 수 없다'라는 인식을 갖는 것이다. 이게 과연 무슨 말일까? 차근차근 설명하면 이렇다. 세상에는 분명 하나를 배우면 열을 깨닫는 사람이 있다. 반면에 하나를 배워도 그 하나조차 제대로 깨닫지 못하는 사람도 있다. 어른도 아이도 마찬가지로, 후자가 압도적으로 많은 게 사실이다. 이유가 뭘까? 바로 지식과 정보가 생각이라는 틀을 거치지 않았기 때문이다. 우리는 책을 통해 배운 것을 생각이라는 틀에 넣어서 자신의 방식으로 창조해야 한다. 다양한 시각과 세상을 바라보는 시선은 곧 하나의 지식을 다채롭게 변주할 수 있는 수많은 틀을 보유했음을 의미한다.

그 결과를 얻기 위해 시간을 많이 투자해야 하거나 까다로운 과정을 거쳐야 하는 것은 아니다. 놀랍게도 하나를 완성하는 시간과 열 개를 완성하는 시간은 거의 비슷하기 때문이다. 열 개를 하나하나 완성하는 것이 아니라, 동시에 열 개를 창조하는 것이라 그렇다. 그걸 할 수 있는 아이는 시간과 나이와 상관없이 열 사람도 하기 힘든 일을 그것도 어렵지 않게 완성할 수 있다. 간단하게 말해서 한 권의 책을 읽어도, 백 권을 읽어도 짐작할 수 없는 지식을 <u>스스로</u> 창조하고, 한 줄만 읽어도 한 권 이상의 가치를 그 안에서 본다.

자, 지금부터 내 아이에게서 그 기적과도 같은 결과를 만나게 돕는, '변주하는 힘을 키우는 5단계 독서법'을 소개한다.

1. 에피소드 위주로 읽기

가장 초보적인 단계다. 책과 읽을 의지만 있으면 할 수 있는 단계라서 그렇다. 하나의 지식을 분야가 서로 다른 곳에 변주를 하려면 책을 에피소드 위주로 잘게 쪼개서 읽는 게 좋다. 기억하고 적용하기 편하기 때문이다. 그러나 반대로 이게 위험한 이유는 가장 자극적인 독서이기 때문이다. 짧게 압축한 모든 에피소드는 메시지만 남아서 자극적이다. 자극이라는 늪에 매몰된다면 독서를 깊이가 아닌 숫자의 개념으로 생각하게 될 가능성이 높아진다. '무엇을 배웠는가?'가 아닌, '몇 권을 읽었는가?'에 답하는 독서는 힘이 약하다. 어떤 페이지에서도 자신을 발견할 수 없기 때문이다. 에피소드 위주로 읽으며 '여기에서 무엇을 배울 수 있나?'라는 생각을 하고 있어야 숫자와 자극의 유혹에서 벗어날 수 있다.

2. 에피소드에 내 생각 녹여내기

1단계에서 2단계로 진화하려면, 이제 비로소 생각이라는 전원을 켜야 한다.

"나는 이 에피소드에 대해서 어떻게 생각하는가?"

"그 생각은 작가의 생각과 무엇이 다른가?"

"대안을 제시하려면 무엇이 더 필요한가?"

이렇게 3단계 질문을 통해 우리는 작가가 제시한 에피소드에 자신의 생각을 녹여낸 결과물을 만들 수 있다. 아이가 쉽게 당장 시작할 수 있는 작은 변주를 연습하는 단계라고 볼 수 있다. 마찬가지로 인터넷에서 좋은 글을 읽을 때도, 그냥 읽고 끝내는 게 아니라 이렇게 3단계 질문을 통해 자신의 생각까지 만들어내는 과정을 거치는 게 중요하다. 그럼 단 한 줄을 읽더라도 자신의 생각을 그 안에 녹여낼 수 있다.

3. 에피소드를 내 삶에서 실천하기

실천이 빠진 생각은 어디까지나 상상의 영역에 불과하다. 읽고 생각한 것을 실천까지 해봐야 그 생각이 현실에서 어떻게 작용하는지 알 수 있게 된다. 조금 더 자세하게 설명하자면, 더 다양하게 그리고 철학이라고 부를 수 있을 정도의 깊이로 변주할 수 있게 된다. 또한 그 과정을 거치며 아이가 책을 향해 던지는 질문의 깊이와 넓이는 짐작할 수 없이 확장된다. 여기에서 바로 변주의 힘이 보다 강력해지기 시작한다. 실천하며 몰랐던 것을 눈으로 배울 수 있으며, 배운 만큼 더 새로운 세상을 발견할 수 있기 때문이다.

4. 실천한 결과물로 나만의 에피소드 창조하기

생각은 많은데 글로는 잘 쓰지 못하겠다는 사람이 많다. 이유는 간단하다. 생각만 했지, 실제로 해본 적은 없기 때문이다. 실제로 무언가를 끝까지 해본 사람들은 어렵지 않게 자신의 경험을 글로 쓸 수 있다. 물론 유려한 문장이나 근사한 표현을 말하는 것은 아니다. 그러나 그들의 글은 삶에서 나왔기 때문에 어떤 문장가의 글보다 생생하다. 삶보다 아름답고 강한 것은 없기 때문이다. 에피소드를 수집하는 메모장을 하나 만드는 것도 좋다. 내 아이만의 세상에 하나뿐인 근사한 일상의 기록이 되어줄 것이다.

5. 나만의 에피소드를 하나의 글로 완성하기

변주의 끝은 자신만의 글을 창조하며 빛난다. 마지막 5단계에서는 스스로 자기 삶의 작가가 되어야 한다. 그래서 독서는 반드시 쓰기로 마무리를 해야 한다. 읽기에서 끝난 독서로는 독서가 줄 수 있는 가치의 100분의 1도 가질 수 없다. 생각하고, 실천하고, 삶에 녹여내며 독서는 마침내 자신만의 것이 된다. 그 소중한 과정을 하나의 에피소드로 써서 세상에 보여주면 된다. 이제 아이가 스스로 누군가가 읽고 삶에서 실천할 하나의 글을 제공하는 주인공이 되는 것이다. 이는 매우 큰 변화라고 볼 수 있다. 그저 타인이 변주한 글을 읽는 독자에서, 스스로 변주해서 완성한 글을 타인에게 읽히는 작가의 삶에 접속한 것이기 때문이다.

이 모든 변주를 성공적으로 해내기 위해서는 '무의미'에 대한 새로운 정의가 필요하다. 질문을 통해 세상에 거대한 의미를 남긴 사람들의 공통점은 무엇일까? 바로 '무의미한 것'에 있다. 무의미한 일을 많이 하는 사람이 결국 세상에 의미 있는 것들을 많이 남길 수 있다. 이미 의미가 있다고 생각하는 것들에는 다른 가능성이 존재하지 않기 때문이다. 앞으로의 세상은 사람들이 무의미하다고 생각하는 것들에 더 도전하고 다가가는 지적 탐험가들에 의해서 창조될 것이다. 아이들이 독서를 통해 '불가능한 것' '의미가 없는 것' '가치가 없는 것' 이렇게 세 가지를 자세히 살펴보며 가능성을 찾아내는 사람이 되게 하자.

빨리, 많이 읽는 습관이
아이를 망친다

많은 분량을 읽는 게 아니라, 적은 분량이라도 많이 생각하는 것이 독서의 핵심이다. 마음에 드는 단어 하나, 문장 한 줄을 깊이 있게 백 번 읽는 것이 백 권을 한 번 읽는 것보다 아이에게 많은 생각과 지식을 준다. 아이에게 많은 것을 읽게 하는 것은 아직 일어설 힘도 없는 말에게 무거운 짐을 싣는 것과 같다. 아이가 스스로 멀리 가기를 바란다면, 무거운 짐에서 벗어나 깊은 생각을 할 수 있게 해야 한다. 그럼 아이는 어디든 스스로 찾아갈 수 있게 될 것이다.

문제는 시작이다. 스스로 깨닫고 찾아가는 삶을 살고 싶다면 그 시작이 중요하다. 아주 사소한 문제라도 그것에 대한 답을 스스로 구할 수 있다면, 그 아이는 깊게 파고들어 생각하고 추론하는 법을 배울 수 있다. 다른 사람의 말이나 세상의 소리가 아닌, '자신의 과거 경험에 비추어 현재를 보고, 미루어 생각하는 과정'을 통해 이치를 깨닫게 되는 것이다. 이 사실을 기억하고 아이에게 전하자.

작은 문제라도 아이 스스로 생각하고
깨달음을 얻도록 도와주자.
그 성취감은 아는 사람만 안다.

세상을 둘러보면 그래서 늘 잘 되는 사람만 잘 되고, 그들의 표정에서는 웃음이 사라지지 않는다. 다른 시각으로 접근하는 역발상 시각을 전파할 수 있다면, 그 웃음의 주인공은 당신의 아이가 될 수 있을 것이다.

아이와 함께 읽어요

나는 생각을 통해 하나의 지식에서 아직 배우지 않은 다양한 지식을 뽑아낼 수 있습니다.

어려서부터 공부를 하는 이유는 훗날 배울 것을 실행에 옮기기 위해서입니다. 그래서 공부를 위한 준비로 독서보다 나은 게 별로 없죠. 독서는 원하는 미래를 먼저 선택하도록 도와주기 때문입니다. 공부는 사실 우리가 스스로 선택하기 쉽지 않지만, 독서는 공부에 비해서 선택이 자유롭죠. 우리는 자신이 원하는 분야에 대한 책을 언제든지 골라서 읽을 수 있습니다. 이런 의미로 '독서는 내가 원하는 미래를 미리 선택할 수 있는 힘'이라고 말할 수 있는 겁니다.

하지만 아무리 다양한 지식을 뽑아낼 수 있어도 실천하지 않으면 별 쓸모가 없겠죠. 이때 독서는 다시 우리에게 힘이 되어줍니다. 어릴 때부터 독서를 통해 삶의 지혜를 배우면 스스로의 힘으로 진리를 깨우치는 힘을 기르게 됩니다. 그러면 우리는 훗날 어떤 유혹에서도 중심을 잃지 않게 되지요. 그렇게 독서는 자신이 가진 놀라운 힘을 믿게 해줍니다. 스스로를 믿고 읽으세요.

'사흘'이 뭔지 모르면
문해력이 낮은 걸까?

간혹 방송이나 각종 언론에서 '사흘'이 뭔지 모르는 아이들이 많다는 소식을 전하며, 그 이유를 문해력이 낮기 때문이라고 연결하고 있다. 물론 그렇게 해석할 수도 있다. 문해력은 사람에 따라 다르게 주장되고 있기 때문이다. 하지만 나는 조금은 더 깊고 본질적인 지점을 보는 게 아이들을 위한 지혜로운 선택이라고 생각한다. 단어 자체의 의미를 모르는 것보다 더욱 중요한 문제는, 정작 '사흘'이 '3일'이라는 사실을 알려줘도 그 지식을 흡수해서 말과 글로 활용하지 못하는 현실에 있다. 사실 단순히 아는 것은 그리 어려운 일은 아니다. '사흘'이라는 지식을 알려주려면, '하루, 이틀, 사흘, 나흘' 이렇게 순우리말로 날짜 읽는 방법을 가르치면 된다.

그러나 외우면 저절로 알게 되는 것을 알고 있다고, 그 상태를 '문해력이 높다'라고 말할 수 있을까? 그럼 문해력은 혹시 암기력이나 어휘력을 부르는 다른 표현인가? 그렇지 않을 것이다. 지난 20년 넘게 연구하며 내가 깨달은 문해력은 '눈으로 바라보며 저절로 깨닫는 능력'이다. 동시에 모든 이미지와 공간을 텍스트로 변환해서 내면에 담을 수 있는 고차원의 능력이기도 하다. 배우지 않아도 알 수 있기 때문에, 스스로가 자신을 위한 세상에 하나뿐인 교과서 역할을 하며, 그렇게 알게 된 지식 하나를 과거에 깨달은 지식과 자신만의 방법으로 연결해 새로운 하나의 지식과 창조물을 쏟아낸다. 매일 하나 이상의 세계를 완성하는 셈이다. 그래서 문해력이 높은 아이의 삶은 매일 급격한 성장을 거듭한다.

"사흘은 3일을 의미합니다."

결국 이 대답을 하는 게 중요한 게 아니다. 그건 어휘력이거나 누군가에게 배워 암기한 지식을 단순히 입으로 발음하는 것이지, 우리가 원하는 최고의 지적 능력인 문해력의 가치는 아니기 때문이다. 문해력은 많이 배운다고, 나이가 많다고, 다양한 경험을 갖고 있다고 가질 수 있는 게 아니다. 문해력을 갖고 있다면 나이 마흔이 넘은 중년도 하지 못하는 것을 초등학생도 쉽게 해낼 수 있다. 다른 것이 아니라, '갖고 있느냐 혹은 없느냐?'의 문제이기 때문이다.

일단 문해력이 높은 사람으로 키우려면 다음에 제시하는 문장을 자꾸 읽고 필사하며 그 안에 어떤 가치와 의미가 녹아들어 있는지 스스로 생각하는 시간을 가져봐야 한다.

사흘이 3일이라는 사실을 배워서 아는 게 중요한가,

전후 사정을 고려해 눈으로 발견하는 게 중요한가?

사흘은 3일이라는 지식을 아는 게 중요한가,

아니면 3일의 가치를 아는 게 중요한가?

'사흘은 3일입니다'라고 답하는 게 중요한가,

말과 글에 적용해서 전천후로 활용하는 게 중요한가?

물론 최소한의 지식을 알고 있어야 활용도 가능하다고 말할 수도 있다. 그러나 그 생각은 우리를 죽는 날까지 '활용하지 못하면서 배우기만 하는 기계'로 만든다. 배우기만 하는 이유는 멈춰서 활용할 지점을 스스로 찾지 못해서 나오는 행동이기 때문이다. 배우는 것 자체는 정말 좋지만, 쉬지 않고 배우는 건 그래서 슬픈 일이다. 반대로 접근하면 매우 쉽다. 문해력이 높아서 뭐든 적용하고 전천후로 다양한 영역에서 활용하는 아이들은 그 능력으로 모르는 것을 눈으로 보고 짐작해서 결국 스스로 '이해'라는 키워드를 쟁취한다. 지금까지의 글을 정리하면 이렇다.

지식을 몰라서 활용하지 못하는 것이 아니라,

활용할 줄 몰라서 지식을 이해하지 못하는 것이다.

위의 문장을 아이들과 시간이 날 때마다 읽고, 정성껏 필사를 하다 보면 문해력이라는 커다란 정문을 열 수 있을 것이다. 이제 남은 것은 그 길로 걸어가는 것뿐이다. 엉뚱한 곳에서 방황하던 세월과 결별하라. 그리고 기억하자. 멈추지 않으면 도착한다.

입체적 독서를 위한
5가지 태도

최근 문해력 향상에 관심을 갖고 있는 부모가 많다. 문해력이 아이의 삶에 막대한 영향을 미친다는 사실을 알게 되었기 때문이다. 문해력은 곧 생존력이다. 세상을 읽지 못한다면 살아남기 힘든 세상이 되었기 때문이다. 우리에게 중요한 사실은 어떤 방식으로 책을 읽어야 그 과정을 통해 문해력을 기를 수 있는지를 아는 것이다. 여기에서 나는 태도의 중요성에 대해서 논하고 싶다. 괴테나 톨스토이, 니체, 칸트 등 우리가 익히 알고 있는 위대한 문해력의 천재들에게는 독서를 향한 특별한 태도가 있었는데, 이를 농밀하게 압축해서 전하면 다음과 같다.

1. 무엇이든 어려운 것을 해보려는 의지와 욕망을 가져라.

2. 이해관계를 벗어나, 순수한 호기심이 넓게 펼쳐진 상태를 유지하라.

3. 그 사람을 짐작할 수 없게 하는 한계가 없는 열린 마음을 품어라.

4. 집중력을 최대한 확장할 수 있는 강력한 의지가 필요하다.

5. 능동적으로 대응하며 생각하려는 마음을 잃지 말라.

독서는 결국 퍼즐이다. 이렇게 다섯 가지의 태도를 가지고 다가가지 않으면, 그 어지러운 퍼즐을 맞추기 힘들다. 의지와 호기심, 열린 마음, 강력한 집중력, 이 모든 것을 제어할 마음까지 모두 갖고 있어야 한다.

나는 배우지 않아도 짐작과 경험을 통해 무언가를 스스로 깨달을 수 있습니다.

멈추지 않고 끝까지 읽기만 한다는 것은, 생각을 하지 않고 읽는다는 사실을 증명합니다. 생각은 반드시 읽는 사람을 멈추게 하기 때문이죠. 한 줄 읽고 한 번 생각하고, 다시 다음 줄을 읽을 때 우리는 자기만의 지식을 바탕으로 근사한 지성인이 될 수 있습니다.

비판적 읽기와 통합적 읽기는 어떻게 시작하는가?

'비판적 읽기'와 '통합적 읽기'라는 지적 도구를 활용하려면, 먼저 이 사실을 기억해야 한다.

'말과 글은 전혀 다른 언어다.'

말로는 자신 있는데, 그걸 글로 쓰라고 하면 힘들다고 말하는 사람이 많다. 여기서도 나타나지만 말을 글로 옮기기 힘들다는 것 역시도 글이 아닌 말로 하고 있다. 말로는 할 수 있지만 그걸 글로 옮기는 게 힘든 이유는 뭘까? 말은 말이고 글은 글이기 때문이다. 둘은 서로 전혀 다른 언어다. 사람들은 가끔 할 말이 있으니 그걸 글로도 쓸 수 있다고 생각하는데 이는 커다란 착각이다. 말과 글은 전혀 다르다. 말을 하기 위해 경험을 하고 생각을 하듯, 글을 쓰려면 다시 처음부터 경험하고 생각해야 한다. 말을 그대로 받아서 적는다고 바로 글이 되는 건 아닌 이유가 바로 거기에 있다. 중요한 건 아이가 '스스로 정의한 단어의 힘'을 내면에 갖고 있어야 한다는 점이다.

'비판적 읽기'와 '통합적 읽기'라는 거대한 산은 스스로 단어를 정의해서, 자신의 생각으로 글을 읽게 된 후에 비로소 접근할 수 있는 고지다. 단순히 배우고 외운 게 많다고 접근할 수 있는 수준이 아니기 때문이다.

다음에 제시하는 3단계 독서법을 실천하면 조금씩 그런 수준으로 변화하는 아이의 모습을 만날 수 있을 것이다.

1. 먼저 아이가 스스로 선택한 책을 10분이나 20분 정도에 빠르게 읽게 한다

오랫동안 읽는 게 중요한 것이 아니니 시간을 잘 제어해야 효과를 볼 수 있다는 사실을 잊지 말자. 책을 읽는 것 자체에 몰입하기보다는 어떤 단어가 책에 자주 등장하는지 '탐험하듯' 알아보는 과정이라고 보면 된다.

2. 읽은 후 감상이나 느낌을 묻기보다는 "어떤 단어나 표현이 자주 나왔니?"라고 질문하는 게 좋다

아이들이 자신의 방식으로 책을 읽지 못하는 이유는 자신의 생각이 없기 때문이며, 그 이유는 책에 자주 나오는 단어에 대한 자신의 정의가 없기 때문이다. 자주 나오는 단어를 파악하는 과정은 그래서 중

요하다.

3. 책에 자주 나오는 단어와 표현 몇 개를 아이 스스로 나열하게 한 후, 아이와 직접 정의하는 시간을 가져라

모르는 모든 단어를 정의할 수 있다면 정말 좋지만 굳이 시작부터 그럴 필요는 없다. 이때 한 권의 책을 일주일에 1회, 총 다섯 번 이상 반복하는 게 좋다. 처음 한 번 읽을 때와 다섯 번째 읽을 때의 변화를 아이가 스스로 체험할 수 있기 때문이다.

말을 글로 변환해서 표현하기 힘든 이유는 '핵심이 되는 표현을 얼마나 잘 살려내느냐, 그러지 못하느냐'에 달려 있다. 그래서 말을 글로 변환하는 것은 일종의 편집이며, 분야를 바꿔 변환한다면 변주라고 말할 수 있다. 편집과 변주에 능해진다면 그 사람의 문해력도 동시에 높아질 수 있다. 아이와 말한 내용을 글로 정리하는 시간을 자주 가져보라. 그리고 글로 정리한 것을 다른 분야의 시선으로 바라보며 변주하는 연습도 해보라. 이 두 가지 연습을 6개월 이상 하면 문해력이 몰라보게 높아질 것이다.

사색과 관찰, 그리고 독서와 몰입을 통해서 무언가를 발견하는 것도 어렵지만, 더 어려운 것은 발견한 것을 타인에게 알려주는 과정이다. 말로 알려주는 것보다 더 선명하고 공개적이며 대중적으로 널리알릴 수 있는 글쓰기로만 전할 수 있는 것이기 때문이다. 모든 아이는 특별하다. 하지만 조건이 하나 붙는다. 아이가 그 특별한 시선으로 보고 듣고 느낀 것을 글로 보여줄 수 있어야, 비로소 그 특별한 자신의 가치를 세상에 전할 수 있다는 사실이다.

틀린 게 아니라 다르다는 사실을
깨닫게 하려면

한 축구 선수가 몸이 아프지만 경기에 출전해서 멋지게 골을 넣었다. 자, 이 광경을 100여 명이 함께 지켜봤다고 치자. 골을 넣는 장면을 보며 모두가 같은 생각을 했을까? 아니다. 사람은 저마다 생각이 제각각이라 의견도 모두 다르다. 크게 세 가지로 그들의 의견을 나누면 이렇다.

"골은 당연히 넣어야 하는 거고, 프로 선수라면 먼저 스스로 몸을 관리했어야지."

"저 선수가 받는 연봉이 얼마나 많은데 골 넣은 게 대수냐."

"몸이 아파도 팀을 위해 출전해서 골까지 넣었네, 역시 책임감이 강해!"

어떤가? 여기에 소개한 세 사람이 마치 서로 다른 장면을 본 것처럼 느껴질 정도로 각자의 표현이 다르다. 골을 넣었다는 사실 하나만 같고, 그걸 표현하는 감정은 저마다 다른 것이다. 이유가 뭘까? 그 선수를 바라보는 평소의 시각이 현재 모습에 녹아들었기 때문이다. 그래서 우리는 같은 상황을 보며 다른 평가를 하는 사람들의 말을 들으며 그들이 무엇을 추구하며, 어디에서 이익을 얻고, 어떤 생각을 하며 살고 있는지 알게 된다. 우리가 아이들에게 가장 먼저 알려줘야 하는 부분은 '골을 넣었다'라는 객관적 사실이며, 그다음은 '사람의 이익과 목표, 그리고 성향에 따라 그것을 전혀 다르게 해석할 수 있다'라는 개인적 사실이다. 그래야 사람은 틀린 게 아니라 다르다는 사실을 자연스럽게 깨닫게 된다. 이런 시선과 이해를 바탕으로 책을 읽어야 다양하게 흡수하며 지적 성장을 거듭할 수 있다.

아이와 함께 읽어요

나는 스스로 단어를 정의하며
그 단어를 통해 더 근사한 독서를 하고 있습니다.

보고 읽은 것을 그대로 다른 사람에게 전달하는 것은 독서의 목표가 될 수 없습니다. 복사기도 얼마든지 할 수 있는 일이기 때문이지요. 독서의 목적은 보고 읽은 것에 대해서 스스로 생각하고, 그렇게 나온 '나만의 느낌'을 전달하는 데 있습니다. 스스로 생각하지 않으면 아무리 백 권을 읽어도, 한 글자도 만날 수 없으니까요.

세상의 흐름을 읽는
아이로 키우기

누구나 세상을 바라보는 자기만의 기준이 있다. 내게도 그런 것이 꽤 많은데, 초등학교 시절부터 '지하철로 세 정거장 정도 거리는 당연히 걸어서 가는 것'이라는 개념을 갖고 있어서, 덕분에 직접 경험하지 않아도 짐작으로 공간을 파악하고 분석하는 능력을 동시에 가질 수 있었다. '아니 그게 그거랑 무슨 상관이야?'라고 생각하는 분이 많이 계실 거다. 쉽게 설명하면 이런 것들이다. 보통은 거리를 계산할 때 자동차를 타고 가는 시간으로 환산하지만 나는 조금 다르다.

"걸어가면 80분 정도 걸리겠네."

계산은 이런 식으로 나온다. 먼저 책을 읽듯 출발지에서 도착지까지 가는 공간을 전체적으로 머릿속에서 그리고, 다음에는 지하철 정거장을 하나의 단위로 공간을 잘라서 계산하고, 그걸 또 작게 쪼개서 걸음 수로 구분해서 마지막에 더하는 방식이다. 그럼 매우 빠르게 그리고 정확하게 분 단위로 계산이 가능해진다.

초등학교 시절부터 시작한 시간과 공간을 나름대로 읽고 해석하는 행동은 지금도 여전하다. 누구와 약속을 하든 지하철 세 정거장 거리는 반드시 걸어서 간다. 그래서 약속한 시간보다 늘 60분에서 90분 먼저 나와서 걷는 것이 나의 루틴 중 하나다. 이 말을 듣고 이렇게 응수할 수도 있다.

"90분이나 걷는 것은 시간을 너무 낭비하는 행동 아닌가요? 지하철이나 자동차를 타고 이동해서 남는 시간에 다른 일을 하는 게 효율적인 것 아닐까요?"

내 대답은 간단하다.

"지하철을 타든, 자동차를 타든, 아니면 걸어서 이동하든, 나는 여전히 생각하고 있습니다. 저는 90분을 걷는 게 아니라, 90분을 생각하며 걷는 것입니다."

독서로 삶을 아름답게 만들고 싶다면 어릴 때부터 이렇게 무언가 하나를 기준으로 잡아서 생각의 범주를 정해주는 게 좋다. 나는 '거리'라는 기준을 잡았지만, 사람에 따라서 '시간'이든 '공간'이든 원하는 대로 범주를 정해서 활용할 수 있다. 그럼 스스로 일상의 아주 사소한 것까지도 섬세하게 생각하고 또 삶에 적용하는 사람으로 성장할 수 있게 된다. 그렇게 자란 아이는 책을 읽거나 읽지 않거나 주변에 있는 무엇이든 읽고 있을 확률이 높으며, 어디에 가든 자기만의 방식으로 상황을 해석할 수 있기 때문에 스스로 자신을 차별화할 수 있다. 내가 거리로 기준을 세운 이유는 이동할 거리를 계산하는 것부터 시작하면 쉽게 접근할 수 있었기 때문이다. 요즘 아이들은 잘 걷지 않는다. 그래서 더욱 생각이 죽어 있는 하루를 보내게 되므로 내가 제안하는 것처럼 '거리'를 기준으로 시작하는 것도 좋다. 방법은 간단하다. '지하철 세 정거장'도 좋고, '버스 두 정류장'도 좋다. 하나의 기준을 만들어서, 거리를 머릿속에서 측정할 수 있게 하고, 생각하며 걸어가는 가치를 알려주며, 거리를 보며 상점과 주변이 어떻게 변화하고 있는지 관찰하면 저절로 세상의 흐름을 파악할 수도 있게 된다. 간단하게 말해서 '한번 보면 이해하는 사람'으로 성장하게 되는 것이다. 누구나 쉽게 시작할 수 있으니 오늘부터 시도해보자.

독서의 기준을
새로 세워라

책을 '잘 읽는다'고 말하는 그 기준은 무엇인가? 깊이를 기준으로 삼기는 매우 어렵다. 판단이 쉽지 않아서 그렇다. 결국 숫자로 모든 것을 나눌 수밖에 없다. 그래서 결국 타인과 세상의 인정을 받기 위해서 '잘 읽는 사람'의 기본 조건인 "나 이렇게 책 많이 읽은 사람이야"라는 길에 들어서게 된다. 질적으로 판단해야 하는데 양적으로 판단하는 오류를 범하게 되는 것이다. 그러나 책을 아무리 많이 읽어도 '잘 읽지 못하면' 아무런 소용이 없지 않겠는가? 토마스 홉스는 이렇게 독서의 핵심을 말했다.

"내가 다른 대부분의 사람들처럼 책을 많이 읽었더라면 그들처럼 멍청한 사람이 되었을 것이다."

가장 훌륭한 작가는 바로 책을 읽는 독자다. 좋은 독자가 좋은 작가가 될 수 있고, 좋은 책은 좋은 작가에게서 나온다. 책을 구하기 힘들었던 시절에도 지금보다 훌륭한 책이 많이 탄생했다. 이유는 좋은 독자가 있었기 때문이다. 아무리 많이 읽어도 잘 읽지 못하면 아무런 소용이 없다. 그러므로 일상에서 아이가 단 한 권, 한 줄을 읽더라도 그 속에서 생각의 범주를 넓히는 읽기 연습을 하도록 도와주자.

아이와 함께 읽어요

독서는 한 줄을 이해하며 시작되는 세상에서 가장 즐거운 게임입니다.

책의 모든 부분을 다 이해할 수는 없습니다. 다만 책의 한 페이지를 이해할 수 있다면, 의미를 이해하지 못하고 넘어간 아흔아홉 장의 페이지를 짐작하며 안을 수 있게 되지요. 진정한 독서는 그때 비로소 시작됩니다. 모른다고 낙담하지 말고 이해할 수 있는 한 부분을 먼저 발견하면 됩니다.

독서 교육에 확신을 주는
괴테의 지혜

괴테가 다른 인물과 구분되는 이유는 그가 자신의 이익과 출세만 추구하던 대문호가 아니라, 평생을 바쳐 독일 국민들의 문해력을 높이기 위해 분투했던 사람이었다는 사실에 있다. 누구보다 시간과 효율을 중요하게 여겼던 그가 그 모든 것을 제쳐놓고 문해력에 삶을 걸었던 이유는, 다른 유럽 국가에 비해 낮은 자국 국민의 의식 수준을 높이기 위해서는 문해력을 키워야 한다고 생각했기 때문이다. 그 시절에도 이미 문해력이 개인의 생존을 결정하는 가장 결정적인 힘이라는 사실을 그는 확실히 알고 있었다.

그래서 유난히 그는 문해력에 대한 이야기를 많이 남겼다. 문해력의 관점에서 보고 판단한 그가 남긴 말을 이렇게 열한 가지로 나눠서 소개한다. 누구든 실천과 응용이 가능하다. 가정에서도 마찬가지다. 그의 조언을 부모가 일상에서 자주 실천하고, 아이가 필사나 낭독을 통해 자주 접하게 된다면, 매일 조금씩 그 효과를 볼 수 있게 될 것이다. 최대한 짧게 압축해서 깊은 가치만 담았으니 직장이든 학교든, 각자 자신이 머문 공간과 자리에서 괴테의 조언을 실천해보라.

1. 꾸준히 자신의 속도로 가는 힘

인생에서 속도는 그다지 중요하지 않다. 다만 방향을 제대로 잡고 정진하라. 서두르지도 말고, 멈추지도 말아라.

2. 더 나은 답을 찾으려는 의지

결코 작은 꿈은 꾸지 마라. 그것들에는 사람의 마음을 움직일 수 있는 힘이 없기 때문이다.

3. 현재에 머물지 않겠다는 열망

현재는 언제나 과거가 되어 사라진다. 전진하지 않는 것은 후퇴하는 것과 같다.

4. 다른 것을 보겠다는 선언

하늘이 어디서나 푸르다는 것을 알기 위해서, 굳이 전 세계를 여행할 필요는 없다.

5. 분명한 목표가 이끄는 일상

확실한 목표를 가져라. 그러면 목표가 없는 다른 수많은 사람들의 능력까지 활용할 수 있다.

6. 좋은 기분을 유지하려는 노력

좋은 기분을 자주 느껴라. 왕이든 평민이든 가정이 평온한 사람이 가장 행복한 사람이다.

7. 시작이 곧 마법이라는 의식

생각하는 게 무엇이든 지금 당장 시작하라. 오늘 시작하지 않은 일은 절대 내일 끝낼 수 없다.

8. 자신을 향한 확신

자기 자신을 믿어라. 그 믿음을 통해 어떻게 살아야 하는지 자연스럽게 알게 될 것이다.

9. 보고 싶은 것만 보는 사람이 되지 않으려는 태도

현명한 사람은 일어난 일 이상을 알고자 하지도 않고, 그 이상의 무엇을 원하지도 않는 사람이다.

10. 과정에서 찾아내는 가치

삶에 있어서 가장 중요한 것은 살아가는 것 그 자체이다. 결과는 중요하지 않으니, 순간순간에 몰입하라.

11. 상황을 지혜롭게 구분하는 분별력

네가 즐길 수 있는 것은 즐겨라. 그리고 견뎌내야 할 것들은 어떻게든 참고 이겨내라.

괴테는 매우 다양한 분야에서 왕성하게 활동했다. 요즘 시대에 비유하면 국방부와 문화체육관광부, 그리고 과학기술정보통신부 등에서 장관으로 활동한 것과 같다. 문화와 예술, 그리고 정치와 국방까지 자신의 힘을 전한 것이다. 여기서 중요한 것은 그 모든 힘이 독서에서 나왔다는 사실이다. 위에 제시한 독서 교육에 확신을 주는 열한 가지 지혜를 쉽게 지나치지 말고, 마음에 깊이 담고 아이에게 전하기를 바란다. 그럴 가치가 충분하니까.

지성인은
'읽는 법'이 다르다

책을 읽을 때 우리는 다양한 정보와 생각을 만나게 된다. 이때 객관적인 시선과 주관적 판단 사이에서 균형을 잡으려면 지성인의 품격을 유지해야 한다. 크게 세 가지로 나눠서 구분할 수 있는데, 주요 내용만 소개하면 이렇다.

1. 섣불리 장담하거나 결정하지 말자

아이가 최대한 판단을 뒤로 미루노록 하자. 독서할 때 판단을 미루는 행위는 보통의 일상과 달라서 자신의 지성을 증명하는 일이다. 균형적 시선을 갖춘 지성인은 책을 완전히 이해한 후에 판단을 해야 한다. 의견이 같거나 다르거나 찬반은 중요하지 않다. 찬반을 나눠야 할 일이 생긴다면, 그건 내용을 충분히 이해한 이후에나 가능하다는 사실을 기억하자.

2. 반대하는 의견에 트집을 잡거나 따지지 않는다

그런 생각을 갖고 있으면 독서를 할 때 내 성향에 맞는 것만 찾는 '선택적 읽기'의 늪에 빠지기 쉽다. '트집'이라는 단어와 '따지다'라는 말에는 논리와 이성이 존재하지 않는다. 논리와 이성이 떠난 자리에는 지성이 자랄 수 없다는 사실을 기억하자. 책을 통해 무언가를 얻으려는 지성인의 관점에서 볼 때, 반대를 위한 반대는 세상에서 가장 쓸모없는 행동이다.

3. 개인적 의견과 객관적 사실을 정확하게 구분해야 한다

중요한 건 근거다. 개인적 의견을 제시하는 것은 자신의 자유이기 때문에 근거가 희박해도 된다. 하지만 오히려 객관적 사실을 말할 때는 그 근거가 분명해야 한다. 우리는 언제나 객관적 사실을 중심에 두고 싸우기 때문에 근거가 제대로 중심을 서지 못한 상태에서는 독서 역시 제대로 되기 힘들다.

나는 사물과 사람을 바라보는
내 시선에 사랑을 담아서,
수준 높은 문해력을 지닌 사람이 되겠습니다.

진실로 아는 사람은 실천합니다. 그래서 안다는 것은 실천을 동반한 단어라고 볼 수 있습니다. 그러나 알지 못한 자는 의심을 먼저 합니다. 하지만 그보다 더 모르는 자가 있으니, 바로 그는 '오해하는 자'입니다. 우리는 이 사실을 통해 이런 결론을 얻을 수 있죠.

'무언가를 안다는 것은 각종 오해에서 시작해서, 의심의 과정을 거쳐 실천으로 비로소 얻게 됩니다.'

지식과 경험을 넓혀주는
더하기 읽기법

만약 내가 추천하는 '더하기 읽기법'을 아이가 습관으로 만들 수 있다면, 다른 어떤 방법보다 어렵지 않게 문해력을 높일 수 있다. 주변에 아마 이런 아이들이 있을 것이다.

'수업 시간에 특별히 수업에 맹렬히 참여하는 것도 아니고 공부를 딱히 오랫동안 하는 것도 아닌데, 이상하게 시험 성적이 좋거나 어려운 숙제도 쉽게 해내는 아이.'

풀리지 않는 모든 비밀의 중심에는 문해력이 있다. 간혹 뛰어난 성적을 거둔 아이들이 인터뷰에서 "교과서만 공부했어요"라고 말하는데, 그들이 거짓을 말하는 것은 아니지만 그렇다고 그게 전부 사실은 아니다. 사실 교과서만 읽는 아이가 가질 수 있는 지성의 폭은 매우 좁다. 결코 '보통의 아이'가 교과서만 공부해서 원하는 성적을 내기는 쉽지 않다.

이유는 간단하다. 보통은 수업 시간에 아무리 집중해도 하나를 가르치면 하나 이상을 담지 못하며, 숙제를 할 때도 조금이라도 모르는 지식이나 단어가 나오면 도저히 풀지 못하는 게 정상이기 때문이다. 물론 초등학교 저학년까지는 부모의 강요나 아이 스스로의 지능만으로 어느 정도 성과를 낼 수 있다. 하지만 배우지 않았던 부분이 반복해서 나오며, 처음 접하는 단어와 지식이 매일 나오는 고학년 이후에는 현격한 차이를 보이며 자꾸만 뒤로 밀려나게 된다. 이때 자연스럽게 읽는 것 자체를 싫어하게 되며, 공부와 새로운 지식을 쌓는 모든 행위에 대해 흥미를 잃는다.

하지만 앞서 말한 것처럼 교과서만 공부했지만 뛰어난 성적을 거두는 독특한 아이들이 있다. 그들이 단지 교과서만으로도 뛰어난 성적을 거둔 이유는, 바로 하나의 지식에서 서로 다른 분야에 대한 지식을 추측하고 변주하는 힘을 갖고 있기 때문이다. 그 아이들은 하나의 지식으로도 열 가지 분야 이상에서 배우지 않은 지식을 자유자재로 추출해낸다. 교과서만 가지고도 뛰어난 성적을 거둘 수 있었던 이유가 바로 거기에 있는 것이다.

아이의 지적 능력을 높이고, 모르는 지식도 쉽게 접근해서 스스로 깨우치는 능력을 주고 싶다면 문해력을 높여야 하는데 이때 가장 결정적인 역할을 하는 것이 '더하기 읽기법'이다. 사건을 입체적인 눈으로 바라보며 그 안에서 다양한 지식을 발견하려면 단편적인 사고 방식에서 벗어나, 새로운 분야에 대한 정보를 얻으며 시각을 자극해야 한다. 하나를 배우면 열을 깨닫는 아이는 누가 만들어주는 것도 아니며 타고나는 것도 아니다. 하나를 배우며 다른 하나의 분야에 대한 정보와 지식을 가져와 접목하는 더하기 읽기법을 통해 우리 아이들은 문해력이라는 최고의 지적 기술을 기를 수 있다.

우리가 기억할 것은

단순히 책을 많이 오래 읽는 게 중요한 게 아니며,

수준 높은 책을 읽는 것도 중요하지 않으며,

주변에서 추천하는 도서도 별 의미가 없다는

사실을 자각하는 것이다.

가장 중요한 것은 한 분야를 깊이 파고든 책을 읽으며

이전에 읽거나 배웠던 전혀 다른 분야에 대한

지식이나 경험을 끌어와

'하나로 연결해서 더할 수 있느냐?'에 달려 있다.

이것이 바로 '더하기 읽기법'의 핵심이다.

어떤 교실에 가든 수학과 물리 등의 이과 과목을 잘하는 아이가 있고, 국어와 영어 등 문과 과목에 실력이 있는 아이가 있다. 물론 뭔가 잘하는 것은 매우 좋은 현상이다. 다만 문제는 재능과 실력이 하나의 분야로 분산이 된다는 데 있다. 이때 주변 어른이나 부모가 가슴에 품었던 '학년이 올라가면 다른 분야에 대한 안목이나 실력도 자연스럽게 나아지겠지?'라는 믿음은 절망으로 바뀔 가능성이 매우 높다. 시작부터 되지 않았던 것이 훨씬 레벨이 높아진 고학년이 되어서 갑자기 될 가능성은 제로에 가깝기 때문이다. 나아지기 위한 어떤 조치도 취하지 않은 상황에서 무작정 나아질 거라고 기대하는 것은 비이성적인 생각이라고 말할 수밖에 없다. 나중에는 더욱더 힘들어지니 되도록 빠르게 변화를 줘야 한다.

문해력을 키우기 위해 내가 강조하는 세 가지 능력은 언어 능력과 수리 능력, 그리고 예술적 능력이다. 이 세 가지를 갖춰야 그 마지막 과정인 문제 해결 능력까지 모두 겸비한 아이로 성장할 수 있다. 아이들에게 아무리 본질을 꿰뚫는 문제를 가져다줘도, 그걸 해결할 방법을 매일 알려줘도, 늘 새로운 문제 앞에서 시간만 보내며 풀지 못하는 이유는 정작 앞선 세 가지 능력을 키워주지 못했기 때문이다. 언제나 순서가 문제다. 언어 능력과 수리 능력, 그리고 예술적 능력이 갖춰지면 문제 해결 능력은 가지기 싫어도 가질 수밖에 없는 선물과도 같은 능력이라는 사실을 기억해야 한다.

사전 없이
단어의 뜻을 짐작해보기

이해할 수 없는 단어와 내용이 나오면 보통은 멈춰서 이해할 때까지 생각하게 된다. 또한 모르는 단어를 하나하나 찾아가며 읽게 된다. 처음 책을 읽을 때 내용의 반도 이해하지 못해도 괜찮다. 아무런 상관이 없다. 오히려 그건 "내가 반이나 이해했네. 와우!"라며 칭찬할 일이다. 반복해서 읽으며 저절로 깨닫게 되며, 굳이 읽지 않아도 책에서 이해하지 못한 부분을 일상을 살다가 문득 이해할 때가 오기도 하기 때문이다.

잘 모르는 단어가 나올 때마다 멈춰서 사전에서 단어의 의미를 찾는 것은 권장할 만한 행동은 아니다. 그렇게 해서는 책을 제대로 읽기 어렵고, 결코 원하는 결과를 얻지 못할 것이다. 이해할 수 없는 내용이나 모르는 단어가 나오면 일단 짐작하고 넘어가는 게 좋다.

"음, 이건 이런 의미겠지?"

"그래 나는 이게 맞을 것 같아."

모든 아이는 독서할 때 의미를 찾아내는 탐정이 되어야 한다. 이해할 수 없는 내용이나 모르는 단어는 짐작해서 마치 탐정처럼 그 의미를 찾아내면 된다. 정말로 중요한 건 세상이 정의한 정확한 지식을 배우고 찾는 게 아니라, 이미 세상이 정의한 것을 자기만의 시선으로 재정의해서 나만의 단어와 표현을 갖는 것이다.

아이와 함께 읽어요

나는 전혀 상관이 없어 보이는 다양한 일에서 하나의 공통점을 찾아낼 수 있습니다.

굶주린 배를 채우기 위해서는 먼저 쌀을 구해야 하고, 다음에는 밥을 지어야 합니다. 굶주린 마음을 채우는 과정도 그와 같지요. 먼저 좋은 책을 구해야 하고, 다음에는 읽어서 마음에 담아야 합니다. 굶주린 사람이 배를 채우기 위해 쌀을 구하고 밥을 짓는 마음처럼 간절한 마음으로 책을 읽는다면, 방금 지은 밥을 먹은 것처럼 마음이 따뜻해질 것입니다.

매력적인 언어는
운문 읽기에서 온다

어려서부터 신동이나 천재로 불리는 아이들이 있다. 그게 아니더라도 "정말 내일이 기대된다"라는 좋은 평가를 받는 아이가 있다. 유심히 관찰해보면 그 아이들의 일상에 나타나는 가장 중요한 특징을 발견할 수 있는데, 그건 바로 '특별한 기억력'과 '뛰어난 종합 판단력'이다. 이 둘은 서로 연결되어 있다. 종합 판단력이란 과거의 어느 순간 기억한 것을 현재의 기분과 상황에 맞게 바꿔 변주하는 것이기 때문이다. 쉽게 말하면 그 능력을 가진 아이들은 모두에게 수어진 지문을 운문으로 순식간에 바꾸는 데 특별한 능력을 가지고 있다. 이게 과연 무슨 이야기일까?

일단 용어에 대해서 간단하게 설명하면, '운문(韻文)'이란 '운율(韻律)을 지닌 글'을 말한다. 언어의 배열에 일정한 규율이 있는 글을 말하는데, 시가 그 대표적인 예이며, 우리가 일상에서 쉽게 접하는 산문

(散文)의 형태와 반대의 위치에 있다고 보면 된다. 내가 독서를 말하는 책에서 운문의 장점을 언급하는 이유는, 운문에 익숙해지면 말을 하고 글을 쓸 때 유리한 점이 많기 때문이다. 이유는 두 가지다. 하나는 마치 잘 만든 음악을 듣는 것처럼 아름답게 느껴지기 때문이고, 나머지 하나는 더 듣거나 읽고 싶은 매력적인 언어를 구사할 능력을 주기 때문이다.

주변에 있는 모든 글을 운문으로 바꿔 읽고 쓰며 우리는 자신도 모르게 매력적인 언어를 구사하는 능력을 갖게 된다. 앞서 언급한 '특별한 기억력'과 '뛰어난 종합 판단력'을 지닌 아이가 바로 그들이다. 자, 그런 능력을 가지려면 이제 어떻게 해야 할까? 우리가 보통 독서를 하며 마주하는 모든 글을 '지문(地文)'이라고 표현한다면, 주어진 지문을 쉽고 빠르게 운문으로 바꾸기 위한 방법은 생각처럼 어렵지 않다. 몇 가지 사항만 기억하고 시작하면 된다.

1. 문장을 짧게 압축하자
2. 같은 말을 반복해서 쓰지 말자
3. 필요 없는 부분은 과감히 삭제하자
4. 노래 가사를 쓴다고 생각하자
5. 중간중간 시처럼 낭독하며 쓰자

독서 포인트

내용만 읽지 말고
구조를 보라

독서를 통해 무언가를 얻으려면, 보편적인 것과 특수한 것을 구분해서 생각할 줄 알아야 한다. 보편적인 것은 딱히 추구할 필요가 없다. 이미 학교에서 혹은 주변 세상에서 그것을 아이들에게 끝없이 주입하고 있기 때문이다. 보편적인 교육은 그들에게 맡기면 되고, 우리가 추구해야 할 것은 그들은 할 수 없는 '특수한 것'이다. 아이가 아이 자신의 것으로 만들어야 하는 것은 바로 그 특수성이다.

'보는 것'에 집중하면 '특수한 것'을 발견할 수 있다. 책을 읽는 것이 아니라 보는 거다. 읽는 것은 눈만 있으면 누구나 할 수 있는 일이지만, 보는 것은 스스로 주도해야 할 수 있는 지적 행위다.

독서가 지적 행위가 되려면

보는 수준에 도달해야 한다.

작가가 가르치는 내용만 읽고 암기하지 말고,

작가가 자신이 가려는 방향을 어떻게 설정하고

지식을 어떻게 변주해서 적용하는지

그 지식을 설계하는 구조를 보라.

"여기에서 무엇이 보이니?" "주인공의 표정이 어떨까?" "다음 장면이 눈에 보이니?" 등의 질문으로 아이가 자꾸만 볼 수 있게 하자. 제대로 읽으려면 우리는 언제나 관찰자가 되어야 한다.

아이와 함께 읽어요

마음으로 책을 읽는 사람들은
마치 피아노 연주를 하듯
아름답게 말합니다.

글을 읽을 때는 마음과 눈, 그리고 입이 함께 있어야 합니다. 마음으로 읽어야 하며, 그것을 눈에 담고, 때로는 입으로 낭독해야 비로소 자신의 것이 되기 때문이지요. 마음과 눈, 그리고 입이 한곳에 머무르지 않는다면 아무리 많은 책을 읽어도 한 걸음도 나아갈 수 없습니다.

지식을 암기하고 개념을 파악하는 운문 독서법

창의력과 상상력을 발휘하기 위해 가장 먼저 필요한 것은 기본적인 암기력이다. 기본 지식을 제대로 알지 못한 상태에서 책을 읽는 것과 조금이라도 알고 읽는 것은 매우 다른 결과를 내기 때문이다. 중요한 건 균형이다. 지나치게 많이 알고 있을 필요는 없지만, 상상할 수 있게 하는 최소한의 암기는 필요하다. 균형점을 찾고 싶다면, 암기량이 커지면 상상력이 적어지고, 암기량이 낮아지면 상상력이 커진다는 원칙을 기억하면 좋다.

독서를 통해 우리는 보다 쉽게 효율적으로 암기하며 동시에 지식 속에 존재하는 개념까지 정확히 파악하는 법을 배울 수 있다. 그 방법이 바로 '운문 독서법'이다. 사례를 통해 자세하게 소개하면 이렇게 설명할 수 있다.

과거에 나는 순천만의 아름다움에 대해서 책으로 쓴 적이 있는데, 판매량이 높지 않을 거라는 사실을 잘 알고 있었지만 시간을 투자해서 책으로 완성한 이유는 이랬다.

'현재 존재하는 순천만에 대한 자료가 너무나 어렵고 무슨 말인지 이해할 수가 없다.'

예를 들어서 책이나 각종 정보지에서 소개하는 '순천만'은 보통 이런 식이다. 조금 길지만 최대한 압축해서 전하니 아이와 함께 읽어보며 그 느낌을 서로 이야기 나누어보자.

'순천만은 한국 남해안 중서부에 위치한 만(灣)으로 전라남도 순천시 인안동, 대대동, 해룡면 선학리와 상내리, 별량면 우산리, 학산리, 무풍리, 마산리, 구룡리 등에 분포한다. 순천만은 강물을 따라 유입된 토사와 유기물 등이 바닷물의 조수 작용으로 퇴적되어 넓은 갯벌이 형성되어 있다. 순천의 동천(東川)과 이사천(伊沙川)의 합류 지점에서 순천만의 갯벌 앞부분까지 총면적 5.4㎢에 이르는 거대한 갈대 군락이 펼쳐져 있다. 오염원이 적어 다양한 생물이 풍부하게 발달되어 있으며, 흑두루미, 먹황새, 검은머리물떼새, 노랑부리저어새 등 220여 종의 보호 조류가 발견되어 국제적으로 희귀한 조류의 월동지이자 서식지로도 널리 알려져 있다. 2006년 1월 20일에는 국내 연안습지로는 최초로 람사르 협약(국제습지조약)에 등록되었으며, 갈대밭과 S자형 수로 등이 어우러진 해안 생태경관의 가치를 인정받아 2008년 6월 16일 문화재청에 의해 명승(名勝) 41호로 지정되었다.'

이건 사실 어른이 읽어도 대체 무슨 말을 하려고 하는지 쉽게 짐작하기 어렵다. 하고 싶은 말과 숫자가 너무나 많고 처음 듣는 한자와 혼재해 있기 때문이다. 이걸 이렇게 운문 형식으로 바꿔서 압축하면 한결 읽기가 쉽다.

'순천만에는 습지가 많아

좋은 토지를 쓸모없게 만든다네.

하지만 다르게 사용하면 되지.

습지에만 사는 생물을 보전해서

그걸 전국에서 구경하러 오게 하는 거지.'

어떤가? 읽기도 쉽고 그만큼 얻게 되는 정보도 많다. 순천만의 특징과 활용법, 그리고 습지라는 형태가 가진 장점과 단점을 동시에 깨닫게 된다. 또한 세상에 쓸모없는 것은 없으니 이제는 생명을 보호하는 것이 오히려 경제적 가치를 얻게 된다는 '생명 자본주의'의 개념까지 파악할 수 있게 된다. 긴 글을 단지 다섯 줄의 운문으로 만들었을 뿐이지만, 우리는 이 과정을 통해 아이가 배워야 할 지리와 역사, 자연과 미래사회까지 자연스럽게 알려줄 수 있다.

이렇게 운문으로 바꿔서 읽는 연습을 하면 더 쉽고 빠르게 암기해야 할 것도 머릿속에 넣을 수 있다. 아이에게 가르칠 것은 본질적 내용이지, 결코 검색으로 누구나 쉽게 찾아낼 수 있는 숫자와 어려운 용어가 아니다. 숫자와 용어의 가치를 낮춰서 판단하는 것이 아니다. 중요한 건 순서라는 사실을 말하고 싶어서 그렇다. 본질적 내용을 아이가 충분히 알게 되면 생각을 확장하며 숫자와 용어는 스스로 짐작해서 저절로 알게 되는 부록과 같은 것이기 때문이다. 그런데 우리는 본책보다는 늘 부록에 더 신경을 쓰며, 반대로 부록을 먼저 알려주고 본책은 등한시하는 경향이 있다. 순서만 바꾸면 모든 것이 저절로 자리를 잡게 된다.

문해력은
모르는 것을 아는 힘이다

입시 시절의 기억이 이제 거의 잊힌 부모들이, 고등학교에 다니는 아이들이 풀어야 하는 국어 지문을 보면 늘 이렇게 말하며 한숨을 내쉰다.

"세상에 이렇게 어려운 문제를 어떻게 풀어?"

아이들이 살아가는 현실이 참 가혹하다는 생각이 드는 이유는 간단하다. 나이 마흔이 넘은 어른도 풀기 힘든, 배운 적도 없는 분야에 대한 문제를 풀어야 하니 불쌍하게 느껴지는 것이다. 맞는 말이다. 하지만 다 맞는 건 아니다. 글을 읽고 이해할 수 있다면 세상에 어려운 지문은 없기 때문이다. 이 책을 끝까지 읽고 실천하면 동시에 다양한 능력을 갖추게 되는데, 그중 하나인 문해력을 갖추게 된다면 중학생이라도 고등학생들이 푸는 문제를 무리 없이 읽고 이해할 수 있다. 학교나 학원에서 배운 내용이 아니라고, 혹은 문장이 이해하기 어려운 수준이라서 읽고 이해하지 못하는 것이 아니기 때문이다. 그 능력을 꺼내기 위해서는 부모가 평소에 이런 식으로 아이의 가능성을 짓누르지 말아야 한다.

"네가 이걸 이해할 수 있겠어?"

"에이, 네 나이에는 이걸 알 수가 없지."

"이건 너무 어려워, 쉬운 걸로 시작하자."

이건 아이의 문해력을 말살하는 대표적인 표현이다. 문해력을 갖춘 아이는 나이와 학습량에 상관없이 주어진 모든 지문과 문제를 스스로 이해하며 해결할 수 있기 때문이다. 배운 것만 읽고 이해한다면 그건 문해력이 높은 아이라고 볼 수 없다. 문해력이란 모르는 것을 스스로 아는 힘이기 때문이다.

아이와 함께 읽어요

글이 내게 무엇을 말하려고 하는지 귀를 기울이며 조용히 앉아서 읽다 보면, 이전에는 들리지 않았던 음성이 들립니다.

자랑하려고 읽는 독서는 그 마음처럼 소란합니다. 온갖 욕망과 질투가 그 안에 공존하기 때문이죠. 하지만 자신의 성장을 위해 시작한 독서는 호수처럼 고요합니다. 그저 읽고 느끼는 것에만 집중하기 때문이죠. 좋은 독서는 결코 자랑과 연결되지 않습니다. 소란한 공간에는 내가 없고, 오직 차분하게 읽는 공간에만 내가 있다는 사실을 나는 늘 기억하고 있습니다.

배우지 않고
스스로 터득할 수 있다

자, 나는 지금부터 소제목에 쓰어 있는 대로, 배우지 않고 주변 상황을 눈으로 읽어서 역사적 사실을 짐작하는 과정을 보여주려고 한다. 아이들과 함께 질문하며 읽어보면 더욱 좋다. 먼저 이렇게 질문하며 생각을 확장해보자.

"편의점에서 가장 잘 팔리는 상품은 어디에 진열되어 있을까?"

답은 바로 '눈높이'이다. 아이들에게 잘 팔리는 상품은 아이들 눈높이에, 성인에게 잘 팔리는 상품은 성인 눈높이에 진열되어 있다. 이번에는 장소를 옮겨서 생각해보자. 필리핀으로 여행을 떠나 편의점에 갔는데, 눈높이에 스페인 제품이 유독 많다. 이번에는 이런 질문이다.

"스페인에서 만든 제품이 필리핀 편의점에서 잘 팔리는 이유가 뭘까?"

답은 역시 간단하다. 한때 필리핀이 스페인의 식민지로 전락했던 적이 있다. 역사를 돌아보면 포르투갈의 마젤란에 의해 최초 발견, 스페인에 의해 330년간 식민지 지배를 받았다는 사실을 알 수 있다. 그러다가 1898년 필리핀은 독립 운동으로 자유를 되찾게 되었다. 실제로 나는 이런 역사적 사실을 몰랐는데, 경험한 사실과 질문을 통해 필리핀이 스페인의 식민지였다는 사실을 알게 되었다.

그럼, 이제 다시 새로운 질문이 태어난다.

"독립한 지 120년도 더 지났는데 왜 아직 스페인 제품을 애용하고 있는 걸까?"

이제 우리는 역사에서 벗어나 철학이라는 영역에 접근하게 된다. 바로 이런 대답을 통해서다.

"당시에는 스페인의 무력에 의해 지배를 받았지만, 이제는 문화를 통해 정신적인 지배를 받고 있는 것이다. 자신의 힘이 약해 누군가의 지배를 받게 되면 이렇게 쉽게 벗어날 수가 없다."

무력과 정신 그리고 힘이라는 철학에 접속한 셈이다.

"어떤 이들은 죽은 후에야 비로소 태어난다." 현존과 끝없는 단독자로서의 성장을 추구하던 니체의 말이다. 우리는 이번 질문을 통해 배운 적도 없는 니체의 철학에 접근해서 완벽히 그의 언어를 이해할 수 있게 된다.

배워서 아는 것이 아니라
보고 질문해서 저절로 깨닫게 되는 것이다.

여기에서 끝이 아니다.

이제 이 모든 역사와 철학에 대한 깨달음을

자신에게 돌리는 질문이 필요하다.

"그럼 나는 여기에서 무엇을 깨달았는가?"

사람에 따라 답은 달라질 수 있다. 나는 이런 답을 선택했다.

"매일 아침에 스스로 일어나 자신에게 하루를 시작하라고 명령할 수 있는 사람이 자기만의 역사를 써나갈 수 있다."

이것은 그 누구도 아닌 나 자신의 철학이라 더욱 값지다. 이렇게 하나의 경험을 통해 역사와 철학, 그리고 자신만을 위한 일상의 철학까지 내면에 담을 수 있다. 이것이 바로 주변 상황을 자기만의 시선으로 읽고 짐작할 수 있는 자만의 특권이다.

더 많이 알아야
더 잘 읽는 것은 아니다

먼저 이런 질문이 필요하다.

"더 잘 읽는다는 것은 무엇을 의미하는가?"

배운 지식을 책에서 확인하기 위해 독서하는 것은 아닐 것이다. 그렇다면 더 잘 읽는다는 것은 아직 배우지 않은 것을 그저 읽는 것만으로 알게 되는 현상을 말한다. 더 많이 알아야 독서를 더 잘할 수 있다는 생각은, 아이에게 독서를 또 하나의 공부이자 수업이라고 생각하게 만들 뿐이다. 독서는 공부나 수업이 아니라 '놀라운 지적 탐험'이어야 한다. 모르는 것을 아는 힘이기 때문이다.

다음에 제시하는 독서의 공식을 제대로 이해하고 시작해야 아이의 모든 순간이 빛날 수 있다.

무언가를 이해하기 위해

그것에 대해 모든 것을 알 필요는 없다.

너무 많은 정보는 오히려

아이의 생각을 움직이지 못하게 만들기 때문이다.

모르는 부분이 있어야 그 공간에 생각이 침입해서

스스로도 짐작할 수 없는 정도까지

지성의 크기를 확장할 수 있다.

독서로 무언가를 발견하기 위해서 지식은 필수가 아닌 선택이며, 지식이 충분하지 않을수록 오히려 시선과 두뇌를 자극할 수 있어서 좋은 결과를 낼 수 있다는 사실을 기억하자.

아이와 함께 읽어요

우리는 단순히 책을 읽거나
주변 상황을 읽는 것만으로도
역사와 문화 등 다양한 과거의 사실을
짐작하고 추측할 수 있습니다.

사람이 매일 하나의 일을 정하고 꾸준히 반복해서 읽고 생각하면 놀라운 일이 생깁니다. 무엇이든 저절로 굳어지고 단단해져 빛을 발하게 되는 거죠. 길이는 중요하지 않으니 매일 분량을 정하고 읽는 삶을 실천하면, 그 과정에서 반드시 무언가를 얻게 될 것입니다. 독서는 우리에게 기적을 선물해줍니다.

STEP 5
독후 활동

공부 잘하는
아이들의 독후 습관

'찢었다'라는 표현이
문해력을 망친다

요즘 초등학생들이 나누는 대화를 들어보면 "찢었다!"라는 표현을 자주 쓰는 걸 쉽게 알 수 있다. 대체 뭘 찢는다는 걸까? 어른들도 그렇지만 아이들이 나누는 대화를 귀 기울여 들어보면, 이런 식으로 한 번에 이해할 수 없는 표현이 꽤 많다는 사실을 알게 된다. 중요한 사실은 그런 식의 거의 모든 표현이 아이의 문해력 성장에 좋지 않다는 것이다. 이유는 간단하다. 예를 들어 근사한 음성으로 무대에서 노래를 부르고 내려오는 가수를 보며 "찢었다"라는 말로 자신의 감상을 표현하면, 단순히 "찢었다"라는 말을 통해서 주변 사람들은 아이가 '무엇을 보고' '무엇을 느꼈는지' 구체적으로 하나도 알 수 없기 때문이다. 각자 다른 곳에서 살면서 다른 언어를 쓰는 사람들이 일제히 "찢었다!"라고만 외치는 것이다. 그 광경을 상상해보라. 자기만의 표현이 사라진 무서운 세상이 아닐 수 없다.

"찢었다"라는 말은 자기만 아는 감정을 표현한 것이기 때문에 타인과의 교감이 필요한 공감 능력을 갖추는 데도 전혀 도움이 되지 않는다. 늘 아이가 자신의 감정을 표현할 때 자신의 생각이 분명하게 드러난 글과 말을 사용할 수 있게 독려하는 게 좋다. 그래서 내가 필사와 낭독을 중요하게 생각하고 추천하는 것이다. 이는 문해력과도 깊은 관련이 있는데, 다양한 방식으로 조사를 해보면 자신의 생각을 선명하게 표현하는 데 익숙한 아이들의 문해력이 아닌 경우에 비해 훨씬 높다는 사실을 알 수 있다. 지극히 당연한 결과다. 자기만의 다양한 표현은 세상을 읽는 수많은 시선이 아이 안에 있다는 사실을 증명하는 일이기 때문이다.

문해력을 키우기 위한 말하기로, 일상에서 이렇게 쉽게 연습할 수 있다. 주어와 동사, 그리고 목적어를 넣어서 말하고 글을 쓰는 연습을 해보는 것이다. 앞서 언급한 가수의 무대를 예로 들면, "찢었다"라고 말하지 말고 이런 식으로 표현하면 좋다.

"난 저 가수가 부른 노래를 더 듣고 싶어."

"나는 앞으로 저 가수의 팬이 될 것 같아. 노래를 더 듣고 싶어졌으니까."

"나는 앞으로 저 사람의 노래를 사랑하게 될 것 같아."

이렇게 표현하면 듣는 사람이 쉽게 상대방이 어떤 상황에서 무엇을 했는지 이해할 수 있다. 또한, 일상에서 주어와 동사 그리고 목적어를 사용하는 말과 글을 쓰며 언어를 섬세하게 단련하는 동시에 문해력도 높일 수 있다. 처음에는 쉽지 않으니 예로 든 문장처럼 '나'를 주어로 시작한 말과 글로 연습을 시작하는 게 좋다. 뭐든 나를 주제로 표현을 시작하면 쉽게 생각을 이어나갈 수 있기 때문이다. 중심에 내가 있어야 나를 표현할 수 있다는 사실을 기억하자. 그런 일상을 보내려면 다음에 제시하는 문해력을 기르는 열 가지 삶의 태도를 자신의 것으로 만들어야 한다. 아이와 함께 낭독하고 필사하며 내면에 차곡차곡 담아보자.

1. 누구도 비아냥거리며 비난하지 않기

2. 상대를 낮추고 얕잡아서 부르는 호칭 버리기

3. 최대한 사실과 의견을 구분하기

4. 사과해야 할 때 마음 담아 진실하게 사과하기

5. 상대의 좋은 부분을 발견해서 이야기해주기

6. 욕망과 소망을 분명하게 구분하기

7. 이분법으로 상황과 사람을 나누지 않기

8. 노력과 운을 확실하게 나눠서 판단하기

9. 타인을 자주 칭찬하고 가끔 비판하기

10. 이해하게 될 때까지 시선을 이동하지 않기

이처럼 높은 문해력은 '나만의 표현을 갖는 일상'에서 시작한다. 모두가 같은 상황에서 같은 것을 보고 있어도 언제나 특별한 의미를 부여해서 근사하게 표현하는 사람이 있다. 그들은 어디에서 무엇을 해도 주어진 역할 그 이상을 해낸다. 문해력이 곧 생존력인 이유가 바로 거기에 있다. 하지만 "찢었다"와 같은 표현은 나만의 표현이 될 수 없다.

앞에 제시한 열 가지 삶의 태도를 유지하며 산다면, 곧 주어와 동사 그리고 목적어를 사용하는 말과 글을 사용하게 될 것이고, 자기만의 표현을 자유자재로 사용하는 아이의 멋진 모습을 만날 수 있을 것이다. 긴 기간이 필요하지 않다. 아무리 길게 잡아도 세 달 정도만 지나면 문해력이 몰라보게 높아져 있을 것이다. 늘 자기만의 표현을 할 수 있게 하자. 그건 아이가 자기만을 위해 준비된 세상을 하나 더 얻게 되는 것과 같은 의미이니까.

언어 감각을 높이는
자연스러운 접근법

"눈이 녹으면 어떻게 되지?"라는 질문에 "눈이 녹으면 봄이 온다"라는 답은, 이제는 많은 사람이 알고 있는 멋진 말 중에 하나다. 그러나 이때 자신의 언어 감각을 특별하게 끌어올리는 아이들은 다른 질문을 던진다.

"봄을 알리는 게 또 뭐가 있지?"

"눈이 녹으면 또 뭐가 오는 걸까?"

"봄이라는 단어 말고 또 뭐가 있을까?"

이건 모방이 아니라, 창조라고 부를 수 있다. 무언가 좋은 것을 보면 거기에서 끝내는 것이 아니라, 스스로 자신의 것도 하나 만들겠다는 생각에서 나온 결과이기 때문이다. 동화나 짧은 글을 읽을 때 의식적으로 멈춘 뒤에 다음에 나올 이야기나 대사를 예상하는 연습을 놀이처럼 하는 것도 참 좋은 방법이다. 처음부터 "이게 바로 창조의 방식이야"라는 식으로 아이에게 접근해서 독서법을 제안하면 그건 강요가 된다. 순서가 뒤바뀐 방법이기 때문이다. 대신 이렇게 접근하면 뭐든 자연스럽게 바뀐다.

"내가 작가라면 뒷부분을 이렇게 썼을 텐데."
"나라면 반전이 일어날 수 있는 표현과 구성을 통해
글을 마무리했을 것 같다."
"2편을 기대하게 만들기 위해서는 이 정도에서 끝어야지."

무엇이든 자연스럽게 다가가서 습관이 되는 게 좋다는 사실을 기억하자.

아이와 함께 읽어요

나는 같은 장면을 보아도
늘 다르게 표현하려고 깊이 생각합니다.

다르게 표현해서 당할 비난을 걱정하지 말아요. 물론 평범한 사람이 발견하지 못한 것을 볼 줄 아는 사람은 세상의 이해를 받지 못하고 비난까지 당할 수도 있습니다. 하지만 그들은 그런 비난에도 멈추지 않고 자신의 길을 가지요. 자신이 추구하는 세계를 완성하느라 주변에서 이루어지는 비난과 조롱에 반응할 시간조차 없기 때문입니다. 그래서 자신이 선택한 길을 걸어가는 사람에게는 언제나 희망과 기쁨만 가득합니다.

풍요로운 지성의 세계로 인도하는
괴테의 고전 독서법

아리스토텔레스의 『시학』, 키케로의 『웅변술에 대하여』, 퀸티리아누스의 『웅변술 입문』, 론기누스의 『숭고에 대하여』 등 당시 지성인이 읽던 작품 중에 괴테가 주목하지 않은 책은 없었다. 그러나 그는 앞서서 나열한 모든 책이 자신에게 큰 영향을 미치지 못했다고 말하며 그 이유에 대해 이렇게 설명했다.

"그들의 책은 '작품'이라고 부를 수 있을 정도로 훌륭하다. 하지만 내게 별 영향을 주지 못한 이유는, 모두 내게는 없는 체험을 전제로 하고 있었기 때문이다."

괴테는 그가 평생을 강조한 것처럼 체험한 문장과 단어만이 자신의 지성에 영향을 준다는 사실에 대해서 언급한 것이다.

그렇다고 괴테가 그들의 책을 읽고 아무것도 얻지 못한 것은 아니다. 영향을 주지 못했다는 것은 쓸모가 없음을 의미하는 것은 아니기 때문이다. 책이 스스로 영향을 주지 않는다면, 읽는 사람이 스스로 영향을 받기 위해 다가가면 된다. 괴테는 매우 중요한 이 지점을 알고 있었다. 우리 아이들 역시 마찬가지로 세상에 존재하는 수많은 책을 다 읽을 수도 이해할 수도 없다. 하지만 그렇다고 책이 주는 장점을 포기할 수는 없다. 그럴 때 바로 괴테의 방법을 통해 아직 경험하지 못한 내용의 이야기를 마치 생생하게 경험한 것처럼 이해하며 받아들일 수 있다. 괴테는 생전에 다음 5단계 방법을 통해 풍요로운 지성의 세계로 진입하는 법을 스스로 깨닫게 되었다. 하나 힌트를 전하면 단순히 괴테의 방법이라고 생각하지 말고, "내 아이가 실천하려면 어떻게 변형해야 할까?"라는 생각을 하면서 읽으면 더욱 많은 도움과 영감을 받을 수 있을 것이다.

1. 과거의 기록을 생생하게 그리기

먼저 괴테는 그들의 책을 읽으며, 지금은 대부분 이름만 남아 있는 뛰어난 시인이나 연설가들의 공적을 자신의 눈앞에서 생생하게 관찰하는 듯한 기분을 느끼기 위해 노력했다.

2. 더 깊이 파고들기

그런 노력을 한 이유는, 어떤 문제에 대해 깊이 사색해서 본질을 파악하기 위해서는 먼저 그 문제나 대상이 최대한 풍부하게 우리 눈앞에 펼쳐져 있어야 하기 때문이었다. 그래야 책에 소개한 것들을 이해할 수 있을 거라고 생각했다.

3. 구분해서 읽고 파악하기

책에는 다양한 사건과 사람이 하나로 얽혀 있어서, 구분하지 못하면 하나하나 이해할 수 없게 된다. 한 사람의 재능과 다른 사람의 재능을 제대로 확인하고 구분하려면, 괴테는 이런 경험이 있어야 한다고 생각했다. "삶에서 무언가를 스스로 시작해서 끝을 낸 경험."

괴테는 그렇게 일상을 보내며 좀 더 효과적인 독서를 할 수 있는 자신을 만들어나갔다.

4. 작가의 일상을 들여다보기

책에서 얻은 지식은 언제나 학교에서 얻은 지식과 달라야 한다. 그런 독서를 하려면 작가가 자신의 인생에서 어떤 자기 수양을 쌓았는지를 섬세하게 파악할 수 있어야 한다. 그래야 살아 있는 지식을 접할 수 있다는 사실을 알게 된 그는, 작가가 어떤 일상을 살았으며 그 안에는 어떤 신념과 철학이 있었는지 연구하며 공부했다.

5. 더 자주 실패하기

무언가를 배우려면 스스로 모른다는 것을 인정해야 한다. 그래서 실패한 경험이 많다는 것은 오히려 긍정적이다. 모른다는 자각과 수많은 시작이 있었음을 증명하기 때문이다. 책을 제대로 읽기 위해 가장

필요한 것은 스스로 시작해서 실패한 경험이다. 어느 경우나 자연과
예술은 오직 인생을 통해서만 서로 접촉할 수 있기 때문이다. 실패라
는 인생의 접점을 통해 자연과 예술의 가치를 받아들여 내면에 심을
수 있다.

상상을 현실로 만드는
3대 1 독서법

보통은 쓰레기가 가득한 산을 바라보고 그냥 지나치거나 쓰레기가 가득한 현실에 아파한다. 물론 가끔 그걸 버린 익명의 사람들을 비난하기도 한다. 놀라운 사실은, 어떤 사람은 쓰레기가 가득한 산을 바라보며 스키장을 상상한다는 것이다. 상상 속에서 쓰레기를 모두 지우고 거기에 스키를 즐기는 수많은 사람을 그려 넣는 것이다. 그게 끝이 아니다. 상상에서 끝나는 게 아니라, 실제로 현실에서 보여줄 수 있는 모습까지 그 과정을 순식간에 머릿속에 그려내기 때문이다. 이것이 바로 머릿속에서 상상한 것을 실제로 현실화하는 힘, '구상력'이다.

괴테와 다빈치, 피카소가 자신의 삶에서 보여준 것처럼 책을 통해서도 구상력을 기를 수 있다. 그 방법을 간단하게 압축하면,

구상력을 기르려면 신간과 고전을 3대 1의 비율로 읽어야 한다. 지금도 세상에 나오는 모든 신간은 결국 고전에서 탄생한 자식과도 같은 존재다. 새로운 것은 없기 때문이다.

고전에 있는 내용 중에서
책이 될 콘텐츠를 빠르게 발견한 후,
거기에 자신의 생각을 덧붙여
새롭게 선보이는 것이 신간이다.

고전을 1, 신간을 3의 비율로 읽으라는 이유가 바로 여기에 있다. 모든 고전은 신간의 부모이며, 고전에는 아직 우리가 발견하지 못한 진리가 숨어 있다는 사실을 전하기 위해서다. 그리고 또 하나, 우리는 얼마든지 읽는 시각을 달리해서 같은 책에서도 다른 메시지를 발견할 수 있다는 '콘텐츠의 확장성'에 대해서도 자연스럽게 전달할 수 있다.

인간은 모두 방황하고 길을 잃기 때문에 더 큰 무대로 진출할 수 있습니다.

할 수 있는 한 최대한 자주 길을 잃어야 합니다. 익숙한 길에서 자주 벗어나 낯선 공간으로 이동해야 하죠. 길을 잃는다는 것은, 곧 길을 알게 된다는 것이기 때문입니다. 그 길을 걸어갈 자신만의 방법이 하나 새롭게 생긴다는 것을 의미하며, 그것은 그 길을 걷는 수많은 사람들 중 당신을 구분할 수 있게 해줄 멋진 가치가 될 것입니다. 길을 걷는 데는 단 두 가지 방법이 있죠. 하나는 새로운 길이 전혀 없다고 여기는 것이고, 또 다른 하나는 눈을 돌리면 언제나 새로운 길이 있다고 여기는 방식입니다.

소신 있는 아이로 키우는 독후 대화법

"우리 아이는 자기 주장이 너무 없어서 걱정입니다."

"왜 이렇게 소신이 없는 걸까요?"

"다른 아이들보다 사명감도 없는 것 같아요."

이런 고민을 하는 부모님이 많은데, 하나 분명히 해야 할 것이 있다. '자기 주장이 강하다'는 것은 '분명한 소신이 있다'는 것과 같은 말이 아니라는 것이다. 많은 사람이 그걸 같은 거라고 생각하며 아이가 자기 주장을 하지 못하고 쭈뼛거리면 '소극적이고 소신이 없다'면서 걱정한다. 하지만 오히려 그 반대일 가능성이 더 높다.

우리는 이 사실을 잘 알고 있다. 잘 모르는 사람일수록 말이 많고, 제대로 아는 사람은 조용하다. 이유가 뭘까? 이미 알고 있는 것을 굳이 안다고 말할 필요가 없으며, 그걸 단순히 말로 설명할 수 없다는 사실까지 알고 있기 때문이다. 아는 사람은 그래서 자신이 아는 것을 일상에서 '실천'으로 보여준다. 우리는 아이의 '자기 주장'과 '소신'을 살필 때 '입'이 아닌 '다리'로 판단해야 한다. 진정으로 생각이 있으며 그것이 분명한 아이는 말이 아닌 다리로, 자신의 일상에서 실천으로 내면에 담은 가치를 보여주기 때문이다.

만약 아이가 말은 잘하지만 실천은 제대로 하지 않는다면, 이런 과정이 필요하다. 하나는 아이의 눈과 다리를 움직여야 한다는 것이고, 나머지 하나는 일곱 가지 말버릇을 통해 일상에서 실천하는 아이로 체질 자체를 바꿔야 한다는 것이다. 아래 제시한 문장을 아이가 스스로 말버릇처럼 사용한다면, 매우 빠른 시일에 말은 적게 하고 대신 실천하며 무언가를 이루어내는 삶을 살게 될 것이다. 이게 중요한 이유는 바로 실천하는 독서로 연결되기 때문이다. 부모가 곁에서 함께 읽어가며, 중간중간 "이게 무슨 말인 것 같아?"라는 질문을 통해 생각을 자극하며 이해할 수 있게 돕는 게 좋다.

1. "여기에도 뭔가 특별한 게 있지 않을까?"
2. "언제나 다른 사람 의견도 들어봐야지."
3. "세상에 정답은 없지. 더 좋은 답은 또 나올 거야."
4. "언제나 생각하고, 또 생각하자."
5. "부정적인 생각은 하지 말자. 그건 나의 것이 아니니까."
6. "지루한 일상에서는 지루하지 않게 보내는 법을 배울 수 있지."
7. "내 생각은 내 말이 되고, 내 말은 내 미래가 되지."

이런 말버릇을 갖게 되면 결국 아이의 일상도 말을 따라 바뀌게 된다. 말이 아닌 눈과 다리로 보여주며 실천하는 일상을 살게 되는 것이다. 저절로 소신을 강하게 갖게 되고, 동시에 읽기만 하는 선에서 그치는 게 아니라 실천할 방법까지 스스로 찾아내게 된다. 다시 강조하지만 많은 경우 자기 주장이 강하지 않다는 것은 오히려 역으로 분명한 소신을 품고 있다는 사실을 증명한다는 것을 잊지 말자. 그저 눈에 보이는 그대로만 보면 아이의 모든 것이 걱정스럽지만, 그 안을 들여다보면 당신의 아이는 생각보다 잘 자라고 있다는 사실을 알 수 있다. 그러니 말로 표현하지 않는다고 걱정하지 말자. 그런 아이일수록 더 깊은 생각을 하고 있으며, 그 생각이 넘치는 때가 오면 저절로 자신의 생각을 다양하게 표현하는 날이 오니까.

아이에게
'인생 문장'을 만들어주자

어딘가로 떠날 때 나는 책을 읽고 출발한다. 좋은 책을 읽고 떠난 여행과 그냥 떠난 여행은 그 끝에서 전혀 다른 것을 주기 때문이다. 굳이 여행일 필요는 없다. 동네 산책을 할 때도 마찬가지의 효과를 느낄 수 있다. 매일 좋은 책을 읽고 얻은 가르침을 내면에 담고 밖을 나서면, 넓은 견문을 통해 그간 발견하지 못한 것들을 내면에 담을 수 있다. 매일 산책을 나설 때 책에서 깨달은 한 줄의 글을 마음에 담고 나가면, 그 문장이 창조한 전혀 다른 세상을 만나게 된다. 아이와 함께 '하나의 문장을 내면에 담고 살아보기'를 실제로 체험하며 산다면, 독서를 대하는 태도가 근사하게 바뀔 것이다.

단, 주의할 점이 하나 있다. 책을 읽기 전에 다음 세 가지를 버려야 가슴에 품을 하나의 문장을 만날 수 있다는 사실이다. 내 생각이 옳다는 것을 확인하기 위해, 트집이나 비난을 하기 위해, 무조건 옹호하기 위해 책을 읽으면 오히려 자신에게 마이너스가 된다. 물론 손해를 본 건 아니지만, 시간이라는 아까운 자원과 더 나아질 수 있다는 가능성을 낭비한 것이 되기 때문이다.

나는 나의 생각을 믿고 있으며, 살면서 하나하나 실천할 생각입니다.

세상에 뿌리가 없는 식물은 없습니다. 그런데 왜 당신은 책을 읽고 실천하려고 하지 않나요? 왜 실천도 하지 않고 독서를 마쳤다고 말하나요? 실천은 독서의 뿌리입니다. 세상에 가지와 잎사귀만 있는 식물은 없지요. 당신이 무엇을 읽었든 실천을 하지 않는다면, 어떤 위대한 지성도 자신의 꽃을 피워낼 수 없답니다.

독서 수준을 높이는
'한 작가 책만 읽기' 연습

앞에서 제시한 괴테의 다섯 가지 방법을 실천하기에 앞서 아이에게 풍요로운 독서의 세계가 무엇인지 그 느낌과 가치를 알려주고 싶다면, 아이들에게 한 사람이 쓴 책만 반복해서 읽게 하는 게 좋다. 이는 매우 중요한 부분이다. 한 작가가 쓴 책만 읽으면 그로 인해서 우리는 그 작가의 세상을 바라보는 시각을 얻게 되기 때문이다. 그보다 더 가치 있는 독서는 없다. 그런 나날을 반복하면 이제는 단순히 작가가 쓴 글에서만 깨우침을 얻는 게 아니라, 작가의 시각을 통해 바라본 모든 사물에서 가르침을 얻게 되는 수준에 도달하게 된다.

중요한 것은 거기에서 멈추는 것이 아니라, 시간이 조금 더 흐르면 작가의 시선을 통해 쌓은 경험과 지식을 통해 '나만의 시각'을 갖게 된다는 사실이다. 누구나 독서를 통해 자기만의 시각을 갖기를 바라는데 그게 쉽게 되지 않는 이유는 너무 많은 사람이 쓴 책을 원칙도 없이 읽기만 하기 때문이다. 그래서 우리 아이들에게는 한 사람이 쓴 글을 오랫동안 읽고 사색하며 작가의 시선으로 세상을 바라본 시간이 필요하다.

나도 마찬가지로 지난 15년 동안 1년에 한 권의 책만 읽었다. 모두 독일을 대표하는 대문호 괴테가 쓴 책이었다. 그것도 매우 특별한 경험이었지만, 더 소중한 것은 15년 동안 계속해서 읽은 한 권의 책이 있다는 사실이다. 바로 괴테의 제자 에커만이 두 사람의 대화를 기록한 『괴테와의 대화』가 그것이다. 유독 그 책만 읽는 방식을 다르게 바꾼 이유는, 에커만이 그 책을 쓰기 위해 스승 괴테를 10년 동안 천 번을 만났기 때문이다. 하지만 나는 10년으로는 부족하다고 생각해서, 『괴테와의 대화』를 지난 15년 동안 이천 번 넘게 펼치며 두 사람의 영혼에 다가가려는 시도를 했다. 눈앞을 가로막고 있는 문제가 풀리지 않을 때마다, 혹은 길이 보이지 않을 때마다 책을 펼쳤고, 언제나 두 사람의 대화는 내게 빛을 보여주었다.

그리고 마침내 15년이 지난 2021년에서야 나는 괴테가 남긴 최고의 작품 『파우스트』를 읽기 시작했다. 10년 전에 구매했지만 아직 읽을 역량이 되지 않아 책장에 보관하고 있던 『파우스트』를 처음 펼치며, 나의 내면에는 지성의 폭풍이 몰아쳤고 한동안 정신을 차릴 수 없었다. 읽다가 지쳐서 쓰러질 정도로 매우 강렬한 지적 충동과 자극을 받았다. 절로 이런 기분이 들었다.

"이런 언어가 세상에 존재하고 있었다니!"

새로운 세상을 만난 기분이었다. 지금까지도 나는 『파우스트』를 통해 매일 새롭게 태어나고 있다. 조금 더 구체적으로 표현하면, 단어 하나하나가 하나의 세계로 태어나고 있는 셈이다. 내가 해봐서, 다양한 아이들을 지도해봐서 알기 때문에, 내게 아이들의 독서와 글쓰기에 대해 조언을 구하거나 방법을 묻는 분들께 꼭 이런 말을 들려준다.

"글이 읽히지 않는다는 것은
단어 하나하나를 자신의 것으로
만들지 못했다는 사실을,
글이 써지지 않는다는 것은
자신에게 주어진 독서를
아직 마무리하지 못했다는 사실을 의미합니다."

그래서 책을 읽으며 우리가 꼭 해야 할 부분은 그 글을 쓴 작가와 상상 속의 대화를 나누는 일이다. 글을 읽으며 작가의 모습을 보지 못하고, 질문과 답변을 나누지 못한다면 그건 그저 글자를 읽는 것에 지나지 않는다. 독서는 그 글을 쓴 작가의 지혜를 짧은 시간에 자신의 것으로 만들 수 있는 가장 효율적인 지적 도구다. 그것이 실현되기 위해서는 상상 속의 대화를 나눠야 한다. 세상 그 어떤 나라의 말도 언어 그 자체로 지적이지는 않다. 언어에 지성을 부여하는 것은, 그 글을 읽은 사람의 생각이다.

"다 그런 건 아니죠"에서
벗어나야 창조할 수 있다

어떤 글을 쓰면 '반드시'라고 할 정도로 꼭 달리는 댓글 내용이 있다. 대표적인 글이 바로 "다 그런 건 아니죠"라는 표현이다. 나는 이 표현이 인간의 가치를 제대로 보여주는 기점에 있는 글이라고 생각한다. 그 기점에서 사람은 두 가지 분류로 나뉘기 때문이다. 하나는 99%의 사람들에게 나타나는 보편적인 반응이다. "다 그런 건 아니죠"라는 말을 시작으로 상대가 쓴 글의 오류를 지적하는 댓글을 쓰는 것이다. 또 하나는 1%의 극소수에게만 나타나는 현상인데, 다 그렇지 않다는 자신만의 이유를 자신의 계정에 돌아가 하나의 글로 완성하는 것이다. 전자는 비난에만 집중해서 시간을 소모하지만, 후자는 타인의 글에서 자신의 언어를 발견해서 하나의 생각으로 창조한다. 아이에게 독서로 창조의 기쁨을 전하고 싶다면 후자의 일상에 접근할 수 있게 해줘야 한다.

한 작가의 책을 오랫동안 읽는 것도 좋은 방법이 될 수 있다. 지금도 누구나 비슷한 하루를 보내며 유사한 글과 생각을 접하며 산다. 다만 아이가 99%가 반복하는 비난의 목소리를 선택할지 혹은 1%의 극소수만 알고 있는 자신의 언어를 창조하는 일상을 선택할지는 오직 부모의 몫이다. 우리의 인생은 자판기와 같아서 언제나 자신이 선택한 것만 줄 수 있으니까.

아이와 함께 읽어요

나는 읽는 수준의 향상을 위해서, 한 작가의 책만 읽으며 아주 오랜 시간을 보낼 생각입니다.

신은 재능 있는 자는 가끔 외면하지만, 무언가를 시작하고 멈추지 않는 자는 결코 외면하지 않습니다. 그 이유는 간단하죠. 신도 지쳐 가끔 고개를 돌려 외면할 때도, 그는 멈추지 않고 정진하기 때문에 그 사실을 모르고 있기 때문입니다. 그러니 스스로 원하는 일이 있다면 그저 계속해서 앞으로 나가야 합니다. 신이 고개를 돌려도 멈추지 마세요. 신은 결국 멈추지 않는 자의 편이니까요.

'읽는 센스'가
'말 센스'를 만든다

어떤 분야에 종사하는 사람이든 우리는 누구나 변화를 참 어렵게 생각한다. 물론 변화는 실제로 어렵기도 하다. 하지만 언어를 적극 활용하면 평소보다 어렵지 않게 변화를 완수할 수 있다. 하지만 그게 정말 어려운 사람들이 있는데, 바로 사람 마음과 주변 상황을 읽는 센스가 없는 사람들이다. '읽는 센스'가 없는 사람은 공통적으로 언어 감각이 굉장히 떨어지기 때문에 이해와 공감력에서 문제가 생겨 무엇을 원하든 변화가 쉽지 않다. 한마디로 말하면 이렇다.

"그에게 센스가 중요하다고 아무리 말해도, 센스가 없어서 중요성을 인식하지도 못한다."

나는 허풍이 심한 사람과 말이 필요 이상으로 많은 사람은 의식적으로 피한다. 내게 아무리 엄청난 이득을 줘도, 그 원칙은 달라지지 않는다. 내 귀와 영혼은 그것들과 바꿀 정도로 사소한 것이 아니기 때문이다. 마찬가지로 지나간 이야기를 반복해서 꺼내고, 그걸로 다시 분란을 일으키는 사람도 되도록 만나지 않는다. 전혀 생산적이지 않은 지점에서 벗어나지 않는 사람들이라서 그렇다. 억지를 부리는 사람도 피한다. 그들이 억지를 부리는 이유는 둘 중 하나이기 때문이다. 하나는 욕망에 사로잡혀서 앞을 제대로 바라보지 못하거나, 세상 돌아가는 원리를 몰라서 그 안에서 일하는 사람들의 가치를 낮게 보기 때문이다. 이 최악의 상황은 결국 '읽는 센스'가 없다는 결론과 마주한다. 그런 상황에 처하지 않게 만들 모든 지혜를 아이들에게 전하는 게 중요하다. 주변에서 만나는 친구와 그들이 구사하는 언어는 결국 내면에 쌓여 책을 읽는 지성의 창을 만들기 때문이다. 맑은 창을 만들어나가려면 만나는 사람과 그들과 나누는 언어의 수준을 지금부터 제어하고 아름답게 쌓아야 한다.

읽는 센스가 없는 사람들의 모든 언어와 행동은 정말 지켜보는 사람 입장에서는 답답하다. 사례를 하나 들어 설명하면 이렇다. 세 명이 동시에 한 디저트 카페에 갔다고 치자. 그들은 모두 달콤한 디저트와 아메리카노를 선택했다. 또 하나 공통점은 그들 모두 '맛있게' 디저트와 커피를 즐겼다는 사실이다. 모두 맛있게 즐겼지만, 읽는 센스에 따라 반응은 세 가지로 나뉜다. 먼저 가장 센스가 떨어지는 사람은 이렇게 말한다.

"디저트는 너무 달고, 커피는 너무 쓰네!"

중간 정도의 센스를 보유한 사람은 이렇게 말한다.

"맛은 있는데 디저트가 좀 달았어요. 그런데 달지 않은 커피와 마시니 좋았어요."

이번에는 가장 센스가 뛰어난 사람의 반응이다.

"여기에서는 꼭 커피와 디저트를 함께 즐기는 걸 추천합니다. 둘의 조화가 끝내주니까요."

무엇이 다르게 느껴지는가? 일단 세 사람은 모두 같은 시각에 같은 디저트와 커피를 맛있게 즐겼다. 그러나 표현은 모두 다르다. 센스가 가장 없는 사람은 맛있게 다 먹었지만, 그걸 언어로 표현할 센스가 없고 상황을 분석하고 읽어낼 능력이 없기 때문에 오히려 화가 난 사람처럼 보인다. 그가 남긴 언어를 다시 읽어보라.

"디저트는 너무 달고, 커피는 너무 쓰네!"

하지만 센스가 가장 뛰어난 사람은 단 한마디로 그 카페에서 무엇을 즐기는 것이 가장 현명한 선택인지 알려준다.

순식간에 따로 존재하는 것들을 하나로 엮어,

그걸 상대가 이해하기 편하게 설명하는

언어 감각이 뛰어나기 때문이다.

어떤가? 읽는 능력은 그래서 사는 데 매우 중요한 역할을 한다. 같은 상황에서도 늘 예쁘게 말하는 아이가 있고, 꼭 밉게 말해서 사람들의 기분을 상하게 만들고 욕을 먹는 아이도 있다. 후자의 아이를 둔 부모 입장에서는 난감하다. 늘 가장 못되게 반응해서 잘못한 것 이상으로 혼나고 비난을 받기 때문이다. 지금도 우리는 각자 자신이 있는 공간에서 읽는 센스의 영향력 속에서 살고 있다. 스스로 인식하지 못해서 더욱 중요하다고 볼 수 있다. 읽는 센스는 책을 읽을 때만 가질 수 있는 능력은 아니다. 일상에서도 충분히 연습을 할 수 있고, 그렇게 키운 역량을 통해 독서할 때 더욱 확대된 시각과 안목으로 많은 것을 얻어낼 수 있다. 다시 강조하지만, 읽을 수 있는 센스가 있어야 서로 다른 것을 엮을 수 있고, 그걸 아직 경험하지 못한 사람을 상상할 수 있게 해줄 수 있다.

지능이 높은 사람들의
공통적인 독서법

독서로 충분히 지능을 높일 수 있다. 그건 이미 수많은 사람이
자신의 삶에서 증명한 일이다. 그들의 방법을 압축한 다음 글을
섬세하게 읽어보라. 독서로 지능을 높이는 사람들에게는 이런
여섯 가지 특징이 있다.

1. 어디에 밑줄을 쳐야 하는지 잘 알고 있다.

2. 관계없는 책들을 읽어도 서로 엮을 줄 안다.

3. 그대로 읽으면 표절이지만 새롭게 엮어서 창조한다.

4. 읽으면서 옷을 만들듯 이 책 저 책을 꿰어놓는다.

5. 많은 책을 읽기보다 하나를 반복해서 읽는다.

6. 상상하는 만큼 읽을 수 있다고 생각한다.

그들의 독서는 이렇게 다르다. 그저 읽는 것이 아니라 분명한 가치를 제대로 알고 읽는다. 위에 나열한 여섯 가지 방식을 아이가 은연중에 깨닫게 되도록 자주 들려주고 필사하게 해보자. 그럼 새로운 것을 창조하려면 다르게 읽어야 한다는 사실을 알게 되면서 '읽는 센스'가 남다른 사람으로 성장할 것이다.

나는 늘 주변을 둘러보며 가장 아름다운 언어만 골라서 소중한 사람들에게 들려줄 것입니다.

일상에서 자기 생각을 표현할 때 '너무'와 '대박'을 남발한다는 것은 "나는 아무런 생각이 없어요"라고 말하는 것과 같습니다. 슬픈 일이죠. 이것은 '너무'와 '대박'이라는 말이 어떤 느낌인지 선명하지 않기 때문입니다. 자기 생각이 녹아 있지 않아서 조금의 느낌도 전할 수 없다면, 조금 더 생각해서 적당한 말을 골라야 합니다. 표현이 선명해지면 소중한 사람들에게 우리의 생각을 좀 더 뚜렷하게 전할 수 있습니다.

텍스트를 벗어나 창조하는 독서로

음반과 책, 그리고 각종 수업과 자료 등 시중에는 '창조적인 아이로 키우는 방법'이라는 주제로 매우 다양한 상품이 나와 있다. 그만큼 창조성은 이제 필수품이라고 생각할 정도로 아이에게 꼭 필요한 재능이다. 하지만 내가 생각하는 창조성이 가장 빛을 발하는 분야는 바로 '독서'다. 창조성을 통해 독서의 수준을 높일 수 있고, 반대로 독서를 통해 창조성의 밀도를 높일 수도 있다. 서로가 서로를 포기할 수 없는 상호 보완적인 관계인 셈이다. 원리를 보자면, 그 중요한 역할을 하는 창조성은 이성과 감성의 조화로 결정되는데, 이성과 감성의 조화를 이루지 못한 사람들이 주로 저지르는 실수가 하나 있다. 그건 바로 '해가 져야 저녁 별을 볼 수 있다'라는 매우 평범한 진리를 일상에 적용하지 못한다는 사실이다. 이 사실을 인식하는 게 중요하다.

'별은 원래 그 자리에 항상 있는 것이지만, 해가 떠 있는 동안은

햇빛 때문에 보이지 않는다.'

세상을 뒤흔든 아이디어 역시 마찬가지로 과거 어느 순간 하늘에 떠 있는 별과 같은 존재였다. 결국 아이디어라는 별을 보려면 해가 져야 하고, 그 적절한 때와 가능성을 믿고 있는 사람만 그것을 발견해서 품에 안을 수 있다. 낮에 뜬 해가 논리적 사고를 상징한다면, 별은 감성적 사고를 상징한다. 논리적 사고로 풀리지 않는 문제를 두고, 계속 논리만 고집하는 것처럼 어리석은 시도도 없다. 이제 그만 시간을 낭비하자. 다음의 사고 전환 방법을 통해 아이와 함께 창조적 독서를 시작할 수 있는 세계로 여행을 떠나보자. 창조하는 독서로 사고를 전환하는 일곱 가지 방법은 다음과 같다.

1. 음악 감상을 한다

분배가 중요하다. 클래식처럼 가사가 없는 음악이 창의력에 좋다는 이야기가 있는데(물론 나도 동의하고 실천하고 있다), 그건 가사가 갖고 있는 언어적 자극을 조금 무시한 이야기다. 폐부를 찌르는 가사가 매우 특별한 자극을 줄 수 있고, 그 경험이 바로 사고를 전환하는 좋은 모멘텀이 될 수 있다. 가사가 없는 음악을 80% 정도, 나머지 20%는 가사가 있는 음악을 감상하는 것이 가장 적절하다. 이때 중요한 것은 아이의 의견을 적극 반영한 리스트를 만드는 것이다. 부모가 리스트를 작성하면 아이는 음악 감상까지 숙제로 여기게 된다.

2. 아무 생각 없이 창밖을 내다본다

아무 생각 없이 무언가를 오랫동안 바라보는 아이는 정말 아무런 생각도 없는 걸까? 그렇지 않다. 남들이 의미가 없다고 생각하는 창밖의 풍경을 바라본다는 것은 거기에서 어떤 의미를 발견했기 때문에 할 수 있는 일이다. 중요한 사실은 처음 바라보기 시작할 때는 별 생각이 없었지만, 시간이 지나며 점점 머릿속이 하나의 생각으로 가득찬다는 것이다. 하나에 몰입하지 못하거나 뚜렷한 생각 없이 사는 아이에게, 창밖을 오랫동안 바라보게 해보면 그 효과를 바로 느낄 수 있을 것이다. 아이에게 혼자를 경험할 시간과 공간을 자주 허락하자.

3. 욕조에서 반신욕을 한다

아이가 욕조에서 반신욕을 하는 모습이 쉽게 상상되지 않을 수도 있다. 하지만 그건 해본 적이 없어서 그럴 뿐, 일단 아이에게 반신욕을 경험할 수 있게 해보면 생각이 달라질 것이다. 어른도 마찬가지로 아이들도 반신욕을 하면, 생각이 또렷해지며 이성과 감성의 균형을 스스로 이루게 된다. 주변에 시선을 방해하는 물체가 없으며 조용한 분위기가 조성되어 있기 때문이다. 극단적인 생각이나 선택으로 손해를 많이 보는 아이라면 실수를 줄이며 삶의 균형을 맞추는 데 도움이 될 것이다.

4. 혼자 동네를 산책한다

산책이 좋은 건 모두 다 알고 있는 지식이다. 여기에서 중요한 것은 '혼자' 떠난 산책이라는 사실이다. 함께 산책을 떠나면 사색하거나 관찰을 하기 힘들다. 아이는 자꾸만 부모의 걸음과 기호에 맞추려고 할 것이기 때문이다. 옆에 있는 사람과 계속 반응하며 걷는 행위는 마치 두뇌와 마음을 줄로 묶어서 2인 1각 달리기를 하는 것과 같다. 자신의 뜻대로 생각과 마음을 움직일 수 없다는 말이다. 그런 상태에서는 아무리 근사한 공간에서 오랫동안 걸어도 자신에게 남는 게 전혀 없다. 처음에는 아이도 어색할 수 있지만 뭐든 시작하면 익숙해진다는 사실을 기억하며 하루에 10분 정도라도 혼자 산책할 수 있게 해보자. 같은 경로를 따로 산책한 후에 "너, 그거 봤어? 고양이가 참 예쁘더라." 같은 식으로 각자 자신이 본 것들에 대해서 대화를 나누면, 더 자세히 보며 관찰하기 위해 나중에는 혼자 산책하는 시간을 기다리게 된다. 더 생각하면 늘 더 멋진 방법은 자신을 드러낸다.

5. 사람들과 자유롭게 잡담을 한다

여기에서는 잡담이라는 키워드가 매우 중요하다. 어느 주제를 두고 치열하게 논쟁을 하는 것은 창조를 담당하는 우뇌 자극에 별 도움이 되지 않는다. 마음속에 분노와 상대를 향한 비난만 가득 쌓이기 때문이다. 특히 정치와 경제, 부동산과 주식과 같은 이야기는 절대 금물이다. 정말 누가 들어도 "그런 쓸데없는 이야기는 왜 하는 거야?"라는 소리를 들을 정도의 사소한 잡담을 하자. 친구에 대한 이야기나 아이가 최근에 관심을 갖고 있는 연예인 혹은 유튜브 방송에 대한 이야기도 좋다. 아이가 잡담을 주도할 수 있게 하는 게 가장 큰 목적이라는 사실을 기억하면 된다.

6. 머리가 원하는 그림을 그리자

창의력을 키우려면 공상을 자주 해야 한다고 말한다. 그런데 여기에서 말하는 '공상'이란 무엇을 의미하는 걸까? 공상을 추천하지만 정작 그게 무엇을 의미하는 것인지는 제대로 알지 못하는 사람이 대부분이다. 무언가를 하려면 먼저 부모가 그걸 생생하게 정의해야 한다. 창의력 향상에 도움이 되는 공상이란, 바로 머리가 원하는 그림을 그리는 행위를 말한다. 이것이 아이에게 좋은 이유는 스스로 무엇을 원하는지 생각하는 시간을 가질 수 있기 때문이며, 또 그걸 실제로 그림으로 그려서 표현하는 기회를 잡을 수 있어서다. 다만 이때 말하는 그림은 실제로 펜으로 종이에 그리는 게 아니라, 머릿속에서 허공에 그리는 것을 말한다. 실제로 그리는 것보다 더 자유롭게 표현할 수 있고, 언제 어디에서든 그릴 수 있어서 더욱 좋다. 실력이 필요없는 일이라서 영감을 더 생생하게 표현할 수 있다.

7. 자기만의 장소에서 책을 본다

독서는 매우 중요한 지적 습관이다. 그러나 그보다 더 중요한 것은 자신에게 맞는 공간에서 이루어져야 결과가 빛날 수 있다는 사실이다. 장소가 쾌적하고 넓고 화려한 것은 하나도 상관이 없다. 모든 것을 자신에게 맞추자. 조금 어둡고 좁지만 마치 다락방처럼 아늑한 공간을 좋아하는 아이도 있고, 지하철이나 버스에서 책을 읽을 때 감정적으로 쾌감을 느끼는 아이도 있다. 자신만의 공간을 찾아 거기에서 책에 몰입하도록 하자.

아이의 생각에
확신을 심어주는 법

사람들이 많이 가는 장소, 많이 듣는 음악, 붐비는 매장, 좋아하는 물건과 영화와 드라마까지 그런 것들을 대할 때는 매우 조심해야 한다. 사람들이 끝없이 찾는 이유는, 반대로 그것들이 사람들의 생각을 말살했기 때문이다. 자신조차 찾지 못한 자신의 욕구와 생각을 그것들은 섬세하게 찾아서 하나하나 제공한다. 대신 생각해주는 것이다. 인간은 편안함을 추구하기 때문에 결국 생각할 필요가 없는 곳에 몰린다. 자연이 위대한 이유가 바로 거기에 있다. 모든 개개인의 생각을 존중하며, 스스로 생각할 수 있도록 격려해주니까. 아이가 어떤 장소에서 무언가를 봤다면 바로 이런 질문을 통해 자신의 생각이 말살되지 않게 막아야 한다.

"이건 왜 만든 걸까?"
"이걸 만들기 위해 어떤 생각이 필요했을까?"
"그 생각을 통해 우리는 무엇을 얻을 수 있지?"

상황에 맞는 적절한 질문으로 아이가 스스로 자신의 생각이 수준 높은 것이며 쓸모가 있는 거라고 생각하게 하자. 결국 그런 나날이 모여 창조적인 독서는 완성되는 거니까.

아이와 함께 읽어요

나는 읽기 어렵다고 쉽게
책을 포기하지 않습니다.

읽다가 중단하기로 결심한 책이라도 일단 마지막 쪽까지 한 장한 장 넘겨보면 우리는 다른 세상을 만날 수 있어요. 독서는 보석을 찾는 지적 행위이기 때문이죠. 어느 페이지에 보석이 있다고 말해주고 시작하는 책은 없습니다. 스스로 찾아야 하며, 그것은 똑똑한 자만의 특권이 아니라 '여기에 뭔가 있다'라는 생각으로 포기하지 않는 자만의 몫이지요. 일단 어떤 책이든 스스로 선택한 것이라면 끝까지 한 번은 읽는 게 좋습니다. 의외의 발견을 하게 될지도 모르니까요.

지적인 삶을 시작하는
3회 반복 독서법

기분이 가라앉는 우울한 상태로 아이와 함께 무언가를 배우거나 실천하며 좋았던 적이 있는가? 마찬가지로 독서도 즐거운 마음으로 해야 가치를 발견할 수 있다. 즐거워야 무언가를 배우며 스스로 탐구할 의욕을 갖게 되기 때문이다. 이 말을 꼭 필사하여 아이의 내면에 녹아들게 하자.

좋은 마음을 가진 사람이 독서를 하면
그 마음이 세상에 퍼지고,
지혜로운 사람이 독서를 하면
세상에 지혜가 가득해진다.

자, 그럼 지적인 삶을 시작하는 3회 반복 독서법에 대해서 즐거운 마음으로 알아보자.

1. 때를 기다리며 1회독을 하자

처음부터 바로 변화와 이득을 주는 독서는 없다. 뭐든 때를 기다리는 시간이 필요하다. 처음 책을 잡고 읽을 때는 최대한 마음을 담아 읽는 그 행동 자체에 집중하자. 이 말을 아이에게 소개해주는 것도 좋다.

'지금 다투는 모든 사람들이 앉아서 책을 읽게 된다면, 세상은 이전보다 평화로운 곳이 될 것이다.'

그처럼 고요히 앉아 글을 읽는 것은, 마음을 고요하게 만들어 더 높은 지성을 갖추는 데 큰 힘이 된다. 그렇게 1회독에서는 읽는 것 자체가 아름다운 일이라는 사실을 깨닫게 하자.

2. 2회독부터는 글을 음미하자

예술 작품을 아무리 봐도 무엇도 느껴지지 않는 이유는 무엇일까? 잘 생각해보자. 답은 간단하다. 음미할 정도의 수준에 도달하지 못해서 그렇다. 우리는 누구나 수준에 도달한 것만 알아볼 수 있다. 책도 그렇다. 감상문과 독후감을 써야 하는데 아무런 생각이 나지 않는 이유는 1회독만 하고 그쳤기 때문이다. 아무리 독서에 익숙한 사람이라고 해도 최소한 2회독은 해야 비로소 내용을 음미할 수 있다. '음미'라는 감각의 도구는 어느 정도 내용을 파악한 이후에야 찾아오는 선물이기 때문이다.

3. 3회독은 탐구하며 읽자

이쯤 되면 아이 입에서 "다른 책 읽고 싶어. 이거 계속 읽어서 지겨워"라는 말이 나올 수도 있다. 하지만 언제나 가장 중요한 지점이 빨리 벗어나고 싶은 순간이기도 하다는 사실을 꼭 기억하자. 다른 것을 읽고 싶다는 마음을 버리고, 빨리 읽고자 하는 욕망을 배제하고, 스스로 읽은 단어와 문장이 아이 내면에서 푹 익기를 기다려야 한다. 독서가 주는 이득은 푹 익은 데서 나오는 것이다. 세 번째 독서에서는 마치 탐험하듯 책 곳곳을 뒤지는 마음으로 읽는 거다. 한 권의 책을 읽을 때, 한 글자라도 그 뜻을 분명히 알지 못하는 곳이 있으면 깊이 생각해서 자세하게 연구하여 반드시 알아내야 한다.

4. 세 가지 질문이 필요하다

위에 제시한 탐험과도 같은 독서를 위해서는 다음 세 가지 질문이 필요하다. 중요한 질문이니 필사와 낭독을 권한다.

"여기에서 이 단어는 어떻게 쓰였지?"

"내가 이 글을 쓴다면 어떻게 표현했을까?"

"반복해서 읽으면서 뭐가 달라졌지?"

가장 중요한 것은 선입견을 품지 말아야 한다는 사실이다. 탐구하듯 제대로 읽지 않은 사람은 마음이 꽉 막히고 식견이 좁다. 단어 하나하나까지 스스로 분석하고 정의할 수 있어야 책에 소개하는 내용을 이해할 수 있고, 그 수준을 넘어 사물의 이치와 사람의 마음, 그리고 각종 지식까지 스스로 배울 수 있다.

정리하자면 이렇다. 일단 먼저 가볍게 읽자. 그리고 만약 감명 깊고 좋다고 생각되는 책은 재독, 삼독을 하는 방식으로 차별화를 하는 것이다. 이를 통해 차츰 아이가 펼칠 수 있는 독서 수준이 높아지면서 자연스럽게 정독으로 방향이 바뀌게 된다. 여기에서 반드시 이 사실을 기억해야 한다. 모든 독서법은 선택이 아니다. 자연스럽게 수준이 높아지며 그것을 원하게 되기 때문에 선택하게 되는 것이기 때문이다. 이를테면 정독은 가장 높은 지적 수준에 도달해야 할 수 있는 독서법이다. 천천히 음미하며 읽는다는 것은 일상을 예술적 시각으로 대하는 사람에게만 허락된 즐거움이기 때문이다. 좋은 책을 삼독 이상 하면서 우리 아이들은 비로소 그 위대한 능력을 가질 수 있다. 실제로 그런 방식으로 책을 읽었던 아이들 모두 입을 모아 이렇게 말했다.

"천천히 한 줄 한 줄 음미하면서
책 읽는 즐거움을 느끼게 되었습니다."

독서는
마음으로 하는 것이다

"독서는 머리가 아니라, 마음으로 하는 것이다."
조선을 대표하는 독서의 대가 다산의 말이다. 참 좋은 말이지만, 실체가 무엇인지 쉽게 잡히진 않는다. 마음으로 독서를 한다는 게 과연 무얼 의미하는 걸까? 이번에는 고대 그리스를 대표하는 언어 활용의 대가 소크라테스가 다산의 말을 이렇게 변주해서 들려준다. 3단계로 구분해서 압축하면 이렇게 표현할 수 있다.

1. "무지를 아는 것은 곧 앎의 시작이다."

독서가 머리가 아닌 마음으로 하는 거라고 말한 이유는 "나는 아무것도 모른다"라는 생각으로 마음을 비워야 비로소 하나하나 채울 수 있기 때문이다. 스스로 안다고 생각한 자에게는 아무것도 보이지 않으므로 채울 수 있는 것조차 손에 쥘 수 없다. 마음을 비운 상태로 살면서 삶이 곧 독서인 인생을 사는 사람들을, 소크라테스는 시인에 비유해서 2번과 같이 표현한다.

2. "나는 시인이 시를 쓸 수 있는 것은 현명함 때문이 아니라, 그 의미를 전혀 알지 못하면서도 고귀한 메시지를 전하는 예언자들에게서나 볼 수 있는 직감 혹은 영감 덕분이라는 사실을 깨달았다."

무언가를 알아서 시인이 되는 것이 아니라, 모른다고 생각했기 때문에 직감과 영감이라는 선물을 받게 되고 그것이 쌓여 수많은 사람의 가슴에 안길 시로 탄생하는 것이다. 그래도 이해가 되지 않는 사람들을 위해, 그는 다시 이렇게 말한다.

3. "가장 작은 것으로도 만족하는 사람이 가장 부유한 사람이다."

보통은 그의 이 말을 "적게 소유하고 그것에 만족하는 사람이 가장 행복한 것이다"라고 해석하게 된다. 그러나 이 말은 결코 그런 단순한 조언이 아니다. 생략한 부분을 채워서 다시 쓰면 이렇다.

'가장 작은 것으로도 (다양하게 새로운 것을 창조하며) 그것에 만족하는 사람은, (이 혼란한 세상에서도 자신의 길을 추구할 수 있기 때문에) 가장 부유한 사람이다.'

다산에서 시작해서 소크라테스로 마무리한 이 이야기를 반복해서 읽어보자. 쉽게 이해하기 힘들기 때문에 더 반복해서 읽으며 그 안에 어떤 의미가 있는지 이해할 수 있어야 한다. 그래야 아이에게 이 귀한 내용을 전할 수 있으니까.

독서 후 낭독 시간

아이와 함께 읽어요

같은 글을 반복해서 읽으면 깊어지고, 더 다양한 분야로의 확장도 가능해집니다.

우리는 모두 자신이 읽고 싶은 책을 읽어야 합니다. 공부처럼 읽은 책은 쉽게 사라지거나, 몸과 내면에 남지 않기 때문이죠. 억지로 읽은 책에서 얻은 모든 지식은 떠날 준비를 마친 열차와 같아요. 만 권의 책을 한 번씩 읽은 사람과 같은 책을 만 번 읽은 사람 중에 지식을 더 잘 활용할 수 있는 사람은 누굴까요? 책에 더 많은 질문을 던진 사람은 누굴까요? 저는 더 깊게 또 다양하게 책을 읽고 싶습니다.

단어를 바라보는
자신만의 기준을 세워라

자, 다음에 제기하는 세 개의 문장을 읽어보라.

스스로 부를 쟁취한 사람들은 ( )이 분명하다.
멈추지 않고 성장하는 아이들은 ( )이 분명하다.
문해력이 높은 아이들을 키운 부모는 분명한 ( )을 갖고 있다.

빈 공간에 공통적으로 들어가는 답이 뭐라고 생각하는가? 독서와
언어 감각을 키우기 위해 매우 중요한 사항이니 "이거다!"라는 하나의
답이 나올 때까지 오랫동안 생각해보자. 답은 바로 '기준'이다. 예를 들
어서 주식을 할 때 잘하고 싶은 마음은 간절하지만 언제나, 가장 높은
가격에 사서, 가장 낮은 곳에서 팔게 되는 이유가 뭘까? 답은 간단하
다. 들어갈 때 스스로의 의지가 아닌 주변 분위기와 조언을 통해 타의

로 시작했기 때문이다.

독서든 재테크든 모든 게 마찬가지다. 내가 시작해야 내가 끝낼수 있다. 이게 정말 중요하다. 늘 내가 주식을 팔면 그때부터 오르는 이유도 여기에 있기 때문이다. 시작을 자신이 제어하지 못했기 때문에 끝도 정하지 못하는 것이다. 스스로 기준을 세운 사람만이 시작과 과정 그리고 결과까지 제어할 수 있는 셈이다.

앞서 말한 스스로 부를 쟁취한 사람들의 공통점도 바로 여기에 있다. 그들을 만나서 대화를 나누면 그들만의 돈을 바라보는 기준이 분명하다는 사실을 알게 된다. 이를테면 이런 식이다.

"나는 달러 환율이 1,100원으로 내려오면 구매하고, 반대로 1,200원이 넘어가면 바로 판다."

이게 바로 스스로 무언가를 제어하는 사람들의 시작과 끝이 좋은 결과로 이어지는 이유다. 주변 상황이나 다른 사람의 의견은 그저 참고할 정도의 단서일 뿐, 선택에는 큰 영향을 주지 않는다. 그러므로 어떤 일이 갑자기 발생해도 놀라거나 흔들리지 않는다. 중심이 바로 선 삶, 바로 '기준'을 세워야 가능한 일이다.

독서도 그렇다. "무슨 책 읽을 거야?"라는 질문에 당신이 만약 "추천 도서 리스트 좀 자세히 보고 결정할게!" "전문가들 이야기 좀 더 듣고 결정하자" "곧 좋은 책이 나온다고 아직 사지 말라는데" 이렇게 답하고 있다면 반복적으로 독서에서 실패할 가능성이 높다. 기준 없이 무리를 짓고 있는 곳에는 절망만 가득하기 때문이다.

아이의 읽는 힘을 기르려면, 부모가 먼저 단어를 바라보는 자기만의 기준을 세울 수 있어야 한다. 기준을 정해야 비로소 단어 하나를 제어할 수 있는 힘을 가질 수 있기 때문이며, 그래야 그 단어를 통해 자신과 아이에게 생산적인 영감을 줄 수 있다. 스스로 중요하다고 생각하는 단어를 매일 하나 정도 선택해서 아이와 함께 정의를 하고 '기준'을 세우는 연습을 해보자.

1. 만약 '게임'이라는 단어를 선택했다면, 아이와 함께 '게임'이라는 단어에 대해서 잠시 생각하는 시간을 갖자.

서둘러 치러야 하는 시험이나 테스트가 아니니 천천히, 마치 게임을 하듯 즐겁게 시작하자.

2. "게임을 한 줄로 표현하면 뭐라고 말할 수 있을까?"

단어에 대해 충분히 생각하게 한 다음 이런 질문을 해보자. 만약 다른 단어로 연습을 했다면 '게임' 대신 다른 단어를 넣어 물어보면 된다. 주의할 것은 단어를 아이만의 시선으로 정의하는 과정이니 부모의 의견이나 생각이 방해하면 곤란하다는 것이다.

3. "그럼 너는 게임을 하루에 얼마나 하는 게 좋다고 생각하니?"

실생활과 밀접한 질문을 던지며 게임을 대하는 하나의 기준을 세우게 하자. 하루에 한 개 정도면 충분하니 욕심내지 말고 '나만의 단어 기준 정하기 노트'라는 이름으로 노트를 만들어 꾸준히 해보자.

　　이렇게 모든 아이는 간단하게 하루에 한 개의 단어를 제어하는 기준을 갖게 된다. 그간 존재하지 않았던 하나의 세계가 탄생하는 것이니 아이 입장에서는 놀라운 변화가 아닐 수 없다. 매일 반복해서 익숙해질 때까지 아이와 놀이를 하듯 연습해보자.

공부가 재미있는
아이들의 비밀

간혹 학원이나 학교에서 놀라운 광경을 목격하게 된다. 바로 수업 시간이 끝났다는 벨이 울렸지만, 여전히 자리에 앉아 책에 집중하고 있는 아이의 모습이 그것이다. 대체 무엇이 그 아이에게 그런 집중력을 허락한 것일까? 그런 아이의 특징은 세상이 말하는 집중력이 지속되는 시간을 정면으로 거부하며 오랫동안 독서를 지속한다는 점에 있다. 두 시간, 아니 세 시간이 지나도 그 아이는 원래 앉았던 자리에 앉아서 책을 읽는다. 마치 지금 막 자리에 앉은 것처럼 말이다. 게다가 아무리 시끄러운 공간이라 할지라도 마치 혼자서 초원에 앉아 책을 읽는 것처럼 평화롭게 글을 읽는다. 이유가 뭘까? 대체 어떤 힘이 아이에게 그런 강력한 의지와 집중력을 허락한 걸까?

답은 간단하다. 스스로 좋아해서 하는 일에서 아이는 시간의 흐름을 느끼지 못한다. 어른도 마찬가지다. 좋아서 시청하는 드라마를 보다 보면, 어느새 몇 시간을 훌쩍 넘기게 된다. 나이가 많든 혹은 적든 그건 집중력과 아무런 상관이 없다. 사람은 누구나 자신이 좋아서 하는 일에서는 시간의 흐름에서 벗어나 존재한다. 그래서 더욱 하루에 단어 하나를 정의하고 기준을 세우는 과정이 중요하다. 단어 하나를 제대로 알게 되면서 아이는 단어의 소중함을 깨닫게 되며, 책을 읽을 때도 이전보다 더 절실한 자세로 임하게 되기 때문이다.

아이와 함께 읽어요

시작하지 않으면 하나도 가질 수 없듯,
독서 역시 실천이 가장 중요합니다.

책 한 권을 처음부터 끝까지 편안하게 읽을 시간을 기다린다면, 우리는 평생 읽지는 못하고 기다리기만 하게 될 것입니다. 생각을 바꿔서 한 장을 읽을 시간이 주어질 때 한 장을 읽으며 1년이라는 시간을 보낼 수 있다면, 매년 열 권의 책도 섬세하게 읽을 수 있죠. 살면서 반복되는 후회는 잘못한 일에서 시작하기보다는, 아무것도 하지 않았다는 허탈한 마음에서 탄생합니다. 우리, 매일 그날그날의 소망을 떠올리기로 해요. 그렇게 주저하지 않고 실행하면 됩니다. 진실한 실천은 후회를 동반하지 않으니까요.

기품 있는 아이로 키우는
3가지 독서 원칙

아이들 책장과 책상 위에는 온갖 근사한 책이 가득 쌓여 있고, 과거보다 더 많은 것을 폭넓게 배우며 살고 있는데, 왜 우리 아이들은 배우고 공부할수록 더 막막한 현실을 살게 되는 걸까? 아이가 스스로 부른 지식이 아니기 때문이다. 자신이 스스로 찾아서 배운 것이 아닌 세상으로부터 억지로 배운 모든 수준 낮은 지식은, 아이 내면 깊은 속에 자리 잡고 있는 꼭 필요한 재능과 지식의 자리를 밀어내고 자신이 그 공간을 차지해 주인이 된다.

그렇게 모든 아이는 천재로 태어나지만
원하는 것이 무엇인지도 모르고
뭘 잘할 수 있는지도 모르는
세상의 말만 잘 듣는 사람으로 성장한다.

소중하지 않은 지식을 배우면,

정말 소중한 지식과 재능이 사라진다.

아무거나 배울 바에는

아무것도 배우지 않는 게 낫다.

위에 쓴 여덟 줄의 글이 어떻게 느껴지는가? 아이들은 스스로 원하지 않는 것들을 배우느라, 정작 자기 안에서 가장 소중한 것을 바깥으로 버리며 살게 된다. 그건 바로 기품이다. 기품은 온화하며 공정하고, 동시에 자신의 시간과 공간을 사랑하는 마음에서 흘러나오는 향기다. 다음 세 가지를 기억하며 책을 읽으면 어떤 아이든 쉽게 그 향기를 가질 수 있다. 아이가 필사를 해도 좋을 글이니, 차분하게 읽고 필사도 할 수 있게 해보자.

1. 책을 공격하듯 읽지 말자

공격은 결국 또 다른 공격을 부를 뿐이다. 뭐든 이해하려고 해야, 비로소 작가가 책에 담은 마음을 느낄 수 있다. 독서는 마음을 담는 일이라는 사실을 잊지 말자. 그러기 위해서는 글을 쓴 작가를 사랑하고 아끼는 마음이 필요하다. "에이, 읽는다고 뭐가 달라지겠어?"라는 생각을 버리고, "나는 오늘 특별한 시간을 보낼 예정이다"라는 태도로 독서를 시작해야 특별한 사랑을 더할 수 있다.

2. 자신의 생각과 다른 지점을 환영하라

책은 몰라서 읽는 것이지, 알아서 읽는 게 아니다. 자신의 의견이 맞다는 것을 확인하려고 읽는다면, 평생 아무런 변화도 없을 것이다. 책을 펼칠 때는 "나는 아무것도 모르는 사람이다. 앞으로 여기에서 무언가를 배울 것이다"라는 생각을 해야, 독서로 마음을 잡고 공정한 시각도 가질 수 있다. 부모의 평소 언어 태도도 중요하다. "네가 그럼 그렇지" "뭐 별수 있겠어!"와 같은 자기 마음대로 결론을 짓는 식의 표현을 자제하자.

3. 되도록 자신이 읽을 책은 스스로 선택하라

누군가에게 딱 맞는 좋은 책을 추천하는 것은 복권 당첨 번호를 맞추는 것보다 어려운 일이다. 가능성 없는 일에 아까운 시간을 소비하지 말자. 스스로 자신이 읽을 책조차 선택할 수 없다면, 어떤 책을 읽어도 긍정적인 변화를 이끌어내기 힘들 것이다. 어떤 책이든 정말 읽고 싶었던 책을 선택해서 반복해서 읽는 것이 중요하다. 그래야 온전히 무언가 하나라도 마음에 담을 수 있다.

그리고 이 모든 것을 결정할 또 하나의 조언이 있다. 바로 '자부심을 가져야 한다'라는 사실이다. 모든 일을 시작할 때 가장 먼저 가져야할 것은 그 일에 대한 자부심이다. 뭐든 시작할 때는 힘이 넘치지만 중간에 자꾸 포기를 생각하는 이유는 자부심이 부족하기 때문일 가능성이 높다. 때로는 능력이 아닌 그 일에 대한 자부심이 그 일의 결과를 결정하는 경우가 많다. 자부심을 갖는다는 것은 스스로 자신에게 성공을 허락하는 일이라고 볼 수 있다. 스스로 "나는 대단한 일을 할 수 있는 특별한 사람이다"라고 생각하라. 혹은 "이 책은 정말 특별한 책이야, 내가 골랐으니까"와 같은 책과 선택에 대한 자부심을 갖는 것도 좋다. "에이, 굳이 그럴 필요가 있을까요?"라고 묻는 사람도 있을 것이다. 그들에게 나는 이렇게 반문하고 싶다.

"굳이 자부심을 버릴 필요가 있나요?"

자신에 대한 강력한 자부심을 가져라.
그로 인해서 당신은 무슨 일을 시작해도
강력한 자부심을 무기로
더 좋은 결과를 낼 수 있을 것이다.

읽는 행위를
가볍게 생각하지 말자

독서가 중요하다는 사실은 누구나 알고 있지만, 사실 많은 사람의 사례를 보면 그렇지도 않은 것 같다는 생각이 든다. 한 가지 묻겠다. 당신은 시를 쓸 수 있나? 아마 많은 사람이 "쓸 수 없다"라고 답할 것이다. 시는 쓰기 어려운 거라는 인식이 있어서 그렇다. 그럼 하나 더 묻는다. 그럼 당신은 시를 읽을 수 있나? 이번에는 거의 모든 사람이 자신 있게 "읽는 것은 가능하다"라고 답할 것이다. 어떤 생각이 드는가? 이게 바로 쓰기보다 읽기를 쉽게 생각한다고 말한 이유의 전부다. 읽기의 힘을 믿고 거기에서 다양한 분야의 깨달음을 얻고자 한다면, 책을 대하는 마음 자체를 아예 이렇게 바꿔야 한다.

시를 쓰는 것과 시를 읽는 것은

모두 쉬운 일이 아니다.

이런 태도가 왜 중요할까? 이유는 간단하다. 읽는 행위를 어렵
게 생각하라는 의미가 아니라, 어렵게 생각해야 비로소 더욱 정
성을 다해 배우려고 노력하게 되기 때문이다. 시작부터 다른 것
이다. 실제로 시를 쓰는 것도 어려운 일이지만, 시를 읽는 것도
마찬가지로 정성을 다해야만 할 수 있는 귀한 일이다. 결코 쉽
게 생각할 수 없는 것이기 때문이다. 시를 쓰기 위해서 상상력
과 세상에 존재하는 다양한 사물과 이야기를 연결하는 능력이
필요하다는 사실은 누구나 안다. 그런데 쓰는 것만 그런 게 아
니다. 시를 읽는 행위 역시 마찬가지로 쓰기 위해 필요한 그 능
력이 전부 다 필요하다. 세상에는 "저는 독서를 매우 소중하게

생각합니다"라고 말하는 사람은 많다. 하지만 실제로 자신의 생각을 실천하는 사람은 많지 않다. 나는 글을 쓸 때보다 글을 읽을 때 10배 이상의 정성을 쏟으며 최대한 집중한다. 다른 시작이 다른 결과를 부른다는 근사한 사실을 알기 때문이다.

간혹 책을 친근하게 대할 목적으로 바닥에 디딤돌처럼 깔고 아이에게 밟고 건너가는 놀이를 시키는 경우가 있다. 그럼 아이가 책을 친근하게 여겨서 독서를 사랑하게 될까? 나는 괜히 이런 생각이 든다. 펄펄 끓는 라면 냄비를 아래에서 받치는 책의 신세를 말이다. 두 사례가 서로 다른 게 전혀 없다. 책을 우습게 대하면 책도 아이를 우습게 대한다. 책에서 위대한 가치를 발견하려면, 위대한 것을 대하는 시선으로 다가가야 한다. 아이가 쓰는 것과 읽는 것이 모두 공평하게 어렵고 창조적인 일이라는 사실을 깨닫게 하자. 독서의 시작은 글을 쓰는 것 이상으로 소중하게 대하는 마음에서 시작한다는 사실을 꼭 기억하자.

아이와 함께 읽어요

내가 선택한 책은
내게 근사한 세계를 보여줄 겁니다.

독서는 마음에 좋은 약을 먹는 것과 같아요. 몸이 아플 때 적절한 약을 먹는 것처럼 마음이 아프고 힘들 때 적절한 책을 선택해서 읽으면 좋은 효과를 기대할 수 있지요. 그래서 중요한 게 자신의 현재 마음을 제대로 파악하는 것입니다. 자신의 상황을 알아야 스스로에게 가장 적절한 책을 전해줄 수 있기 때문이죠. 자신을 모르고 시작한 독서는 그저 시간을 낭비하는 선택일 뿐입니다. 자신을 제대로 아는 것이 독서의 시작이라는 사실을 잊지 말아요.

충분히 이해해야
독서의 질이 높아진다

독서의 질을 높이는 행위는 앞으로 살아갈 아이의 삶에 매우 큰 영향을 준다. 수준 낮은 독서가 지속되면 결국에는 아이가 변화를 체감할 수 없어 독서에 부정적인 생각을 갖게 될 가능성이 높아지기 때문이다. 그런 최악의 상황에 빠지지 않으려면, 크게 다음 두 가지 태도를 조심해야 한다.

1. 쉽게 어떤 생각을 단언하거나 타인을 재단하지 말아야 한다

빠른 결정이 늘 좋은 것은 아니다. 의견이 같거나 다르다고 말하기 전에, 상황에 대한 확실한 이해가 우선되어야 한다. 이해하지 못한 상태에서 무언가를 판단한다는 것은, 읽고 있는 책에 대한 이유 없는 못된 마음이 있거나 선입견이 있다는 증거이기 때문이다. 저자의 의견에 찬성을 하든 반대를 하든 충분한 이해가 없이 무언가를 선택하는 행위는 자신에게 좋지 않다.

2. 설득당하지 않기 위해 책을 읽는 것은 매우 어리석은 행동이다

"네가 무슨 말을 하는지 한 번 들어봐주지. 하지만 기억해. 날 설득하는 건 매우 힘든 일이야!"

예능 방송을 보며 "한번 웃겨봐라"라는 마음으로 시청하면 오히려 자신만 손해인 것처럼 독서도 그렇다. 우리는 설득하거나 혹은 당하거나 그도 아니면 누군가를 막연히 지지하기 위해 책을 읽는 건 아니다. 독서에서 생각의 자유를 갖는 건 무엇보다 가치 있는 일이라는 사실을 기억하자.

이런 두 가지 태도가 나쁜 이유는 그런 방식의 독서는 결국 이런 현실을 만들기 때문이다.

"책을 제대로 읽지도 않은 상태라서 무슨 이야기인 줄은 모르겠지만, 당신의 주장은 틀린 이야기다."

실제로 주변 작가들의 이야기를 들어보면 이런 식의 리뷰를 자주 읽는다고 한다. 이런 비평에는 딱히 대응할 방법이 없다. 다시 부탁해도 같은 방식의 리뷰가 나올 뿐이다. 하지만 제대로 이해한 사람의 리뷰는 다르다. 그들의 공감하는 리뷰에는 기쁘게, 비판적인 리뷰에는 진지하게 고민할 수 있기 때문이다. 저자가 무슨 이야기를 하는지 모르면서 일단 판단을 하고 보는 것은 매우 비합리적인 독서다. 그럴 때는 자신에게 질문해봐야 한다.

"나는 왜 이 책을 이해하지 못하는가?"
"이 저자가 쓴 글을 이해할 수 없는 이유는 무엇인가?"

글을 이해할 수 없다면, 최소한 글을 이해할 수 없다는 것에 대한 설명은 할 수 있어야 한다. "막연해서 싫다" "주제가 뭔지 모르겠다"라는 식의 이유는 이유가 될 수 없다. 무엇이 어떻게 막연하고, 주제가 뭔지 모르겠다는 분명한 이유가 있어야 하고, 자신의 이유를 그 책을 읽지 않은 사람에게도 설명할 수 있어야 한다. 책 한 권의 일부를 읽고 이해할 수 없다고 말하는 것, 그리고 그 책을 이해하려면 그 저자가 쓴 다른 책 몇 권을 더 읽어봐야 하는데 그 임무를 게을리한 상태에서 나온 이해할 수 없다는 말은 '읽는 자'의 실수이자 잘못이다. 작가도 자신의 의무를 다해야 하지만 독자도 마찬가지로 읽는 자의 의무를 다해야 한다. 내가 이렇게 읽는 자의 의무를 강조하는 이유는, 나도 쓰지 않을 때는 읽는 자이기 때문에 그게 얼마나 중요한지 알고 있어서 그렇다. 아이가 늘 이 사실을 기억할 수 있게 하자.

비판은 언제 시작해도 늦지 않다.
서두르지 말라.
모두 이해한 뒤에 비판을 시작해도 충분하다.

아리스토텔레스는 『윤리학』에서 이런 말을 남겼다.

"우리는 지혜를 사랑하는 철학자로서 우리와 가까운 것들이 파괴된다고 해도 진리를 수호하는 것이 우리의 의무라고 생각한다. 그래서 둘 다 소중한 것이지만, 친구보다 진리가 더 고귀한 것이다."

진리를 추구하는 마음에는 완벽이란 없음을 강조한 것이다. 진리를 추구하는 마음이 이끈 독서의 질을 높이기 위해서는 작가의 마음과 그가 쓴 글을 충분히 이해하려는 사전작업이 필요하다. 쉽게 재단하면 작은 바람에도 사라질 연약한 지적 만족만 얻을 것이고, 쉽게 단언하지 않으면 쉽게 사라지지 않는 견고한 지성을 얻게 될 것이다.

생각하며 읽는 아이는
무엇이 다른가?

조선 시대에 살았던 아이들과 현재를 사는 아이들이 평생 읽는 책의 숫자는 누가 더 많을까? 굳이 오랫동안 생각할 필요도 없을 것이다. 조선 시대에 살았던 아이들은 특별히 집에 돈이 많거나 지위가 높지 않은 이상 『천자문』이라는 책 한 권 이상을 읽은 아이가 많지 않았다. 책을 구하기 어려우니 평생 책 한 권만 읽거나 그마저도 읽지 못했을 가능성이 높다. 그렇다면 그런 보통의 아이들은 과연 문해력 수준이 낮았을까? 그렇지 않다. 결국 답은 책이라는 도구 자체가 아니라, 그 도구를 활용하고 적용하는 방법에 있다.

스스로 생각할 수 있어야 한다.

자신의 생각을 설명할 수 있어야 한다.

그 생각에 책임까지 질 수 있어야 한다.

그래서 독서란 결국 자기 실현이라고 볼 수 있다. 아이 스스로 읽어야 하지만 그게 제대로 되지 않는 이유는, 이해하면서 읽지 않고 끝까지 읽기 위해서만 읽기 때문이다. 시중에 온갖 독서법이 난무하는 가장 큰 이유는, 누구보다 가장 빠르게 끝을 보려는 인간의 욕망 때문이다. 중요한 건 이해하면서 읽는 것이며, 그것은 질문과 성찰을 통해서만 가능하다. 아이들이 읽기는 하지만 쓰지는 못하는 이유 역시 거기에 있다. 이해하며 읽은 것이 아니라서 쓰지도 못하는 것이다. 아이가 단지 읽는 사람의 모습만 모방하며 책상 앞에 앉아 있다면 당장 변화를 시작해야 한다.

확실하게 이해하고,
설명할 수 있을 정도로 충분히 읽겠습니다.

쉽게 모은 것은 쉽게 흩어지고, 빠르게 배운 것은 빠르게 잊히죠. 시간과 정성을 들여 능숙해지지 않으면 무엇을 손에 쥐든 손 틈 사이로도 쉽게 빠져나갈 것입니다. 무조건 어렵게 해야 하는 것은 아니지만, 쉽게 얻은 것은 쉽게 잃기 쉬우니 늘 너무 쉬운 것은 의심할 필요가 있어요. 무엇이든 과정을 거쳐야 하며, 일정 시간 이상의 노력과 성실함이 필요합니다. 내가 모른다는 사실을 아는 것이 독서의 시작입니다. 모른다는 사실을 깨달아야 비로소 무엇이 필요한지 알 수 있기 때문이죠. 결국 나를 제대로 읽는 것부터 독서는 시작하니까요.

312

1권을
1문장으로 남겨라

드디어 책의 마지막 파트에 도착했다. 여러분은 어떤 마음을 느끼고 있는가? 나는 여기에서 인문학 독서를 완성할 하나의 방법을 전하고 싶다. 바로 '한 권을 한 문장으로 남기는 일'이 그것이다. 독서든 글쓰기든 그도 아니면 공부법이든 진리로 통하는 단 하나의 방법은 언제나 조용히 진행되지만, 사람을 유혹하는 그럴듯하게 보이는 방법은 언제나 시끄럽게 진행된다. 주로 이런 것들이다.

"남들보다 빠르게 많이 읽는 방법이 있다."

"쉽게 많은 지식을 흡수하는 방법을 알려준다."

"적게 투자하고 많이 가져갈 수 있다."

이때 독서를 아는 사람들은 거기에 휩쓸려 들어가지 않고 진리의 통로를 주목하지만, 잘 모르는 사람들은 마음을 유혹하는 시끄러운 곳에 시선이 가기 마련이다. 그래서 후자에게는 언제나 사람들이 더 많이 모인 곳이 답이다. 더 깊이 이해하고 더 선명한 자신의 생각을 갖게 만드는 1문장 입체 독서법의 길로 가려면 다음 3단계 과정이 필요하며 중간중간 몇 가지의 편견을 깨야 한다.

1. 처음부터 소리 내어 읽지 말자

참 이상하게 독서를 처음 배우는 가정이나 학교에서 아이들은 책을 소리 내어 읽는다. 물론 그게 나쁘다는 게 아니다. 중요한 건 큰소리를 내며 읽는 것이 아이의 의지가 아니라는 사실이다. 읽어야만 뭔가를 했다는 느낌이 들기 때문에 자꾸만 강요하게 된다. 게다가 "소리가 크면 자신감도 커지지 않을까?"라는 막연한 희망도 품게 된다. 물론 낭독은 매우 멋진 지적 수단이다. 그러나 처음 접하는 책을 무작정 소리 내어 읽는 행위는 현명한 방법은 아니다. 결국에는 읽기 위해서 읽는 악순환에서 벗어나기 힘들다. 느끼는 건 전혀 없이 목만 아픈 상태에서 마지막 페이지를 만날 수도 있다. 그건 아이에게 고통일 뿐이다.

2. 검색을 하거나 사전을 들추지 말자

처음에는 책의 분량이 많든 적든 눈으로 읽는 게 좋다. 우리가 집중할 때를 생각해보라. 그때 숨죽여 관찰하나? 혹은 큰소리를 내며 바라보나? 그리고 이때 중요한 것은 낯선 표현이나 단어가 나올 때마다 멈춰서 사전을 찾거나, 검색을 통해 모르는 것을 알고 지나가야 한다는 생각 자체를 버려야 한다는 사실이다. 꼭 명심해야 한다. 우리는 사전을 찾기 위해 독서를 하는 것이 아니다. 그건 또 다른 이름의 주입식 독서다. 그렇게 자꾸 의미 없는 곳에서 멈추면 일단 집중이 되지 않고, 이야기 속으로 들어갈 수가 없어 흐름만 깨진다. 독서의 가치는 '방금 읽은 한 줄로 다음에 나올 한 줄의 글을 짐작하고 예상'하는 데 있다. 아는 단어 하나로 모르는 단어 하나를, 이해한 하나의 문장으로 모르는 하나의 문장을 유추할 수 있어야 한다. 그런 방식으로 읽어야 그 책을 이해할 수 있고 아이만의 시선으로 내면에 받아들일 수 있다.

3. 소리 내어 읽을 한 문장만 남겨라

앞서서 언급한 가장 중요한 부분이다. 그렇게 조용히 사색하며 읽으면 비로소 아이 내면에서 매우 의미 있는 변화가 일어난다. 그건 바로 '한 권의 책에서 찾아낸 내 마음속 한 줄의 발견'이다. 아이는 그 한 줄로 길고 긴 한 권의 책에 담긴 이야기 전부를 압축해서 기억하게 된다. 마치 방대한 데이터를 담고 있는 메모리카드처럼 말이다. 큰소리를 강제하며 읽지 않고, 억지로 끌려가듯 읽지 않으면, 모든 아이가 이런 근사한 한 줄을 만날 수 있다.

처음에는 이런 식의 질문으로 한 줄을 스스로 추출할 수 있게 돕는 것도 좋다.

"이 책을 한 줄로 표현한다면 뭐라고 할 수 있을까?"

"이 책을 생각하면 어떤 느낌이 들어?"

그럼 어렵지 않게 그 책을 압축할 한 줄을 내면에서 꺼낼 수 있다.

이제 드디어 그 한 줄을 소리 내어 읽을 필요가 있다. 그 한 줄은 다양한 분야로 자신을 확장할 것이고, 모르는 지식을 알게 해줄 영감이 되어 아이가 지적인 삶을 살도록 도울 것이다.

독서는 '얼마나 많이 읽었는가?'라는
숫자와 양이 아닌,
'얼마나 많이 멈춰서 생각했는가?'라는
깊이와 질이 중요하다.

바람처럼 계속 스치기만 한다면 어떤 효과도 기대할 수 없다. 스스로의 의지와 정신으로 그 바람을 붙잡아야 한다. 잡아서 내면에 담은 아이만이 그 바람의 주인이 되어 바람이 들려주는 이야기를 들을 수 있으며 동시에 바람의 시각으로 세상을 바라볼 수 있다. 그 모든 기적과도 같은 결과는 한 권을 한 줄로 남겨 기억할 수 있을 때 일어난다. 이것이 바로 '초등 1문장 입체 독서'의 힘이다.

아이가 책을 읽지 않는다고
걱정하는 당신에게

가끔 이런 불만스러운 이야기를 듣는다.

"우리 아이는 제가 책을 읽어도 도무지 읽으려고 하지 않아요."

"책 읽어주는 것을 시작했는데 별 소용이 없네요."

그래서 내가 그렇게 한 지 얼마나 되었는지 물으면, 기껏해야 일주일이거나 한 달 이내다. 독서를 사랑하게 되려면, 최소한 읽지 않았던 세월보다 긴 기간이 필요하다. 10년을 텔레비전만 보며 살았던 사람이, 하루 만에 갑자기 독서를 사랑하게 될 수 있을까? 이 사실을 기억하며 마지막 메시지를 시를 읽듯 읽어 보라.

아이들이 책을 읽지 않는다고 걱정하지 말고,

아이들이 당신을 보고 있다는 사실을 걱정하라.

아이들이 유튜브와 텔레비전만 본다고 걱정하지 말고,

아이들이 지금도 여전히

당신만 보고 있다는 사실을 걱정하라.

부모가 먼저 책을 읽으면

그리고 그 모습을 아이가 볼 때

가식이 아닌 진실이라고

느껴지는 순간이 오면,

아이는 저절로 책을 읽는다.

아이와 함께 읽어요

책과 함께 하루를 살아보는 것이
독서의 시작입니다.

"바로 이 사람이야!"라는 생각에 시작한 친구들과의 인연도 세월이 흐르면 조금씩 바뀌며, 결국에는 사람을 보는 자신의 안목까지 의심하게 되죠. 그럴 때는 절로 이런 푸념을 하게 됩니다. "내가 이렇게 사람을 보는 안목이 없었나!"

무언가 하나를 제대로 보려면 함께 오랜 기간을 보내봐야 해요. 잠깐 스치듯 보는 것만으로는 그 사람을 제대로 알 수 없기 때문입니다.

책도 그렇습니다. 단순히 한 번 읽었다는 것은 첫인상만 파악했다는 말과 같죠. 중요한 것은 '책과 함께 살아보는 것'입니다. 책 한 권을 가슴에 품고 한 달 넘게 사랑하며 지켜보세요. 서로 가장 소중한 하나가 될 때까지 말이죠.

100권을 이기는
초등 1문장
입체 독서법

초판 1쇄 발행 2022년 10월 26일 **초판 2쇄 발행** 2022년 11월 25일

지은이 김종원
펴낸이 이승현

출판1 본부장 한수미
라이프 팀장 최유연
편집 김소정
디자인 하은혜

펴낸곳 ㈜위즈덤하우스 **출판등록** 2000년 5월 23일 제13-1071호
주소 서울특별시 마포구 양화로 19 합정오피스빌딩 17층
전화 02) 2179-5600 **홈페이지** www.wisdomhouse.co.kr

ⓒ 김종원, 2022

ISBN 979-11-6812-492-9 13590